W0351260

Weitere BLV Gartenbücher

BLV Zimmerpflanzenbücher

Simon K. Bravenboer

200 Kakteen in Farbe

Zweite, durchgesehene Auflage

BLV Verlagsgesellschaft München Wien Zürich

CIP-Kurztitelaufnahme der Deutschen Bibliothek

Bravenboer, Simon K.:
200 [Zweihundert] Kakteen in Farbe / Simon K. Bravenboer. [Übers.: Inge Völk]. – 2., durchges. Aufl. – München, Wien, Zürich: BLV Verlagsgesellschaft, 1980.
Einheitssacht.: Elseviers cactussen boek ⟨dt.⟩
ISBN 3-405-12125-6

Übersetzung: Inge Völk
Zeichnungen und Fotos: S. K. Bravenboer

Titel der holländischen Originalausgabe:
»Elseviers Cactussen boek«

Druck: Appl, Wemding
Bindung: R. Oldenbourg, Heimstetten

Printed in Germany · ISBN 3-405-12125-6

Inhalt

Vorwort

Die Frage des Verlages, ob ich bereit sei, ein Buch über Kakteen zu schreiben, konnte ich nicht gleich mit einem Ja beantworten. Vor allem vergegenwärtigte ich mir, was in den letzten Jahren über Kakteen und andere Sukkulenten an Literatur geschrieben wurde.

Im Laufe der Jahre bin ich zu der Erkenntnis gekommen, daß die meisten Veröffentlichungen nicht ganz den Wünschen angehender Kakteenfreunde entsprachen. Aber gerade dieser Personenkreis benötigt gute Informationen. Da sich immer mehr Menschen mit sukkulenten Pflanzen befassen, ist die Zahl der Interessenten auch größer denn je. Aber auch die weiter Fortgeschrittenen sollen angesprochen werden.

Vieles in der Literatur, das für eine so große Gruppe von Interessenten bestimmt ist, informiert über Zucht und Pflege oft zu summarisch und erreicht nicht sein Ziel. Manchmal werden auch so viele verschiedene Methoden beschrieben, daß der Anfänger gar nicht mehr weiß, wo er beginnen soll.

Es schien mir daher nützlich, ein Buch zu schreiben, das in erster Linie den Anfängern eine umfassende Anleitung für Pflege und Aufzucht von Kakteen bietet. Dabei habe ich alle interessant erscheinenden Rezepte für Bodenmischungen oder irgendwelche geheimnisvoll gehüteten Methoden außer acht gelassen, da sie in der Praxis keinerlei Wert haben.

Vielmehr ist den lebenden Pflanzen selbst Beachtung geschenkt worden, nämlich den Fragen, wie und wo sie wachsen, wie sie gebaut sind und welche Funktionen die einzelnen Pflanzenorgane haben.

In der Benennung der Kakteen bin ich hauptsächlich der Systematik von K. Backeberg (Die Cactaceae, Handbuch der Kakteenkunde, 1958, 6 Teile) gefolgt. Dieses Werk ist bis heute noch immer das vollständigste Nachschlagewerk auf diesem Gebiet.

Da viele Pflanzen von verschiedenen Autoren mehrmals beschrieben wurden ist die Benennung der Kakteen sehr schwierig. Auch hat man im Laufe der Jahre verschiedene Gruppen, Gattungen usw. öfter anders eingeteilt und oft große Gruppen in kleine Gattungen mit nur einigen wenigen Arten aufgefächert. Ob zu Recht, will ich hier offen lassen. Für den interessierten Laien ist es daher schwer, bisweilen sogar unmöglich, sich zurechtzufinden.

Auch ist das Bestimmen von Kakteen mittels der vorhandenen Literatur oft unmöglich. Wohl hat man in verschiedenen Beschreibungen und Abhandlungen sogenannte Bestimmungsschlüssel aufgestellt; sie sind aber schlechthin unverständlich. Schlüssel, wie wir sie von Floren der einheimischen Pflanzenwelt kennen, bei denen stets von zwei Möglichkeiten die eine wegfällt und/oder auf eine andere Art verwiesen wird gibt es in der Kakteenliteratur leider nicht. Oft sind Artbeschreibungen so ungenau, daß man keine eindeutige Zuordnung treffen kann. Daraus resultiert dann, daß falsche Pflanzennamen in Umlauf kommen und so von den Empfängern übernommen werden. Dies kann nicht nur Anfängern, sondern auch Fortgeschrittenen, ja sogar Fachleuten passieren.

Die richtige Kultur wird ab Seite 30 dargestellt. Erörtert werden u. a. Säen, Stecklingsvermehrung, Pfropfen usw., kurzum alles, was als Grundlage zum Aufbau einer guten Kakteensammlung gehört. Jeder Interessent muß sich allerdings darüber im klaren sein, daß er für diese Liebhaberei Jahre aufwenden muß. Dabei wird es immer Neues zu entdecken geben.

Am meisten Befriedigung schafft der schrittweise Aufbau der Sammlung, vor allem wenn man mit jungen Pflanzen beginnt. Natürlich ist dazu eine gute Anleitung nötig. Ich hoffe deshalb, daß dieses Buch seinen Weg zu Freunden und Interessierten dieser besonderen Pflanzengruppe, den Kakteen, finden wird. Zugleich hoffe ich, daß es ganz allgemein zu einem wachsenden Interesse an der Natur beitragen möge.

Auf der ganzen Welt wird der Natur Gewalt angetan. Sie wird immer mehr zurückgedrängt. Viele Tier- und Pflanzenarten gehen so unwiederbringlich verloren. Auch aus den Herkunftsgebieten der Kakteen und anderer Sukkulenten erreichen uns immer wieder Berichte über – meist unnötige – Vernichtungen von zum Teil riesigem Ausmaß.

Mehr Wissen, mehr Verständnis und mehr Zuneigung zum Naturganzen könnten es bewerkstelligen, der unaufhaltbaren Vernichtung und Ausrottung der Natur – von der wir schließlich selbst ein Teil sind – Einhalt zu gebieten.

S. K. Bravenboer

Einführung

Was sind Kakteen und welchen Platz nehmen sie im Pflanzenreich ein?

Auf unserer Erde gibt es zahllose Pflanzenarten. In einigen Gebieten ist der Pflanzenbewuchs sehr üppig und von großer Mannigfaltigkeit, in anderen schwach, eher dürftig und artenarm. Gebietsunterschiede drükken sich also auch in einem veränderten Pflanzenwachstum aus. Dabei spielen viele Faktoren eine Rolle, z. B. Zusammensetzung des Bodens, Höhenunterschiede, Temperatur und Niederschlagsmenge. Die Gesamtheit der Pflanzen bildet das Pflanzenreich unserer Erde. In diesem Zusammenhang müssen wir uns auch immer wieder vor Augen halten, daß alles menschliche und tierische Leben dieser Erde abhängig ist vom Pflanzenleben, gleichgültig, ob es sich in Moosen, Tangen, Farnen, Kräutern, Bäumen und Sträuchern darstellt. Die Pflanzen mit all ihren Teilen sind das wichtigste Glied einer Nahrungskette, aus der sich Mensch und Tier versorgen. Schließlich liefern sie auch den für das Leben unentbehrlichen Sauerstoff.

Die stets wechselnde Kulisse von Pflanzen, Sträuchern und Bäumen ist für uns so selbstverständlich geworden, daß wir uns der Unverzichtbarkeit und Notwendigkeit der Vegetation kaum noch bewußt werden.

Für viele Menschen sind Pflanzen, besonders die in der vertrauten häuslichen Umgebung, lediglich ein dekoratives Hilfsmittel, um den Raum zu gestalten und Atmosphäre zu schaffen. Wenn man einmal mit Pflanzen in Berührung gekommen ist hat dies gar nicht selten zur Folge, daß man sie nicht mehr nur von ihrem Zierwert her sieht, sondern sich auch anschickt, sich mit ihrem Wachstum, ihrer Weiterzucht und ihren Namen zu befassen. Man wird auch fragen, warum die eine Pflanze in feuchter Umgebung, die andere in trockenen Regionen gut wächst, oder warum eine Pflanze strengen Frost verträgt und die andere nur bei tropischen Temperaturen lebensfähig ist. Das Interesse nimmt zu und die Fragen kommen von selbst. So wird man eine neue Einstellung zur Pflanze finden. War sie bisher mehr Mittel zum Zweck, so gibt sie jetzt den Anstoß zu neuen und weiteren Studien und schenkt obendrein auch noch Freude. Natürlich will nicht jeder Pflanzenliebhaber nun auch gleich botanischen Fragen nachgehen. Aber es gibt immer eine Menge Dinge, die man eigentlich wissen muß, um richtig mit Pflanzen umgehen zu können.

Jedes Klima, jede Bodenart, Standorte in Höhen und in Tallagen, Trockengebiete und schließlich auch das Wasser haben ihre typischen Pflanzengruppen, die sich in erstaunlicher Weise ihrem Milieu anzupassen vermögen.

In der Natur hat jede Pflanze ihren eigenen Platz, ihre für sie passende »Nische«. Insofern unterscheiden sich die Verhältnisse in unseren Fensterbänken, Gärten oder Gewächshäusern, in denen wir Pflanzen aus den verschiedensten Teilen der Welt zusammentragen, grundlegend von denen in der freien Natur. Wenn wir ein Naturgebiet betrachten, haben wir bisweilen den Eindruck, daß hier alles ohne jeden Zusammenhang und ohne jede Regelmäßigkeit durcheinander wächst. Dem ist jedoch nicht so. Jede Pflanze kann nur auf dem Fleckchen gedeihen, an dem sie die entsprechenden Voraussetzungen findet. Durch Veränderung der Bedingungen kann eine Pflanze von anderen Arten verdrängt werden und ganz verschwinden.

Die Anpassung an das Milieu ist jedoch beachtlich. Unterwasserpflanzen z. B. haben keinen festen und starken Stengel, sie »treiben« im Wasser; da sie im Boden verwurzelt sind, stehen sie gleichwohl aufrecht, während sich die Blätter nach allen Richtungen ausbreiten. Sumpfpflanzen haben meist eher starre und kräftige Stiele und Blätter; um sich gut entwickeln zu können, müssen sie sich über ihre sumpfige Umgebung erheben. Andere Pflanzen wiederum passen sich ganz dem Licht an, z. B. die sog. alpinen Pflanzen im Hochgebirge, wo sie einer intensiven Strahlung ausgesetzt sind. Sie bleiben dort sehr niedrig und selbst holzige Gewächse wie die Zwergweide *(Salix herbacea)* werden nicht höher als einige Zentimeter. Die krautigen Alpenpflanzen haben oft wunderbar ausgefärbte Blüten in großer Zahl.

In regenreichen Gebieten gedeihen Wälder. Die krautartigen Pflanzen sind dort oft kräftig und üppig und entwickeln viele große und dünne Blätter.

In überwiegend trockenen Gebieten findet man wiederum ganz andere Pflanzenarten, nämlich die Trokkenpflanzen oder Xerophyten. Ihre Stengel und Zweige sind meist hart und starr. Sie haben oft viele Dornen und eine derbe Oberhaut. Viele Arten besitzen nur

während der kurzen Regenperioden Blätter. In der Trockenzeit fallen diese rasch ab und die Pflanzen bleiben dann monatelang unbeblättert.
Viel Trockenheit vertragen auch die sog. Sukkulenten, die auf ihre Weise wieder einen besonderen Platz im Pflanzenreich einnehmen. Auf die Frage, was man unter sukkulenten Pflanzen versteht, gibt die Antwort »Kakteen und Fettpflanzen« zwar einen ungefähren Hinweis, sagt jedoch nicht allzuviel aus. Das Wort »sukkulent« leitet sich von dem lateinischen Wort »sucus« ab und bedeutet »Saft«. Sukkulente Pflanzen sind also »Saftpflanzen«. Gegen andere Pflanzengruppen sind sie nicht scharf abzugrenzen, da es eine Reihe von Übergängen und Zweifelsfällen gibt.
Im allgemeinen wachsen Sukkulenten an trockenen Stellen. Sie sind in der Lage, ein Flüssigkeitsangebot, z. B. nach einem ergiebigen Regenschauer, rasch aufzunehmen und die Flüssigkeit in speziell für diesen Zweck eingerichteten Zellgruppen zu speichern. In diesen Zellen befindet sich also zu bestimmten Zeiten sehr viel Flüssigkeit, in der gelöste Nährsalze enthalten sind. Die langfristige Speicherung der Reservestoffe wird durch eine schleimige, kolloidale Substanz und eine nur geringe Zahl von Spaltöffnungen in der meist dicken Oberhaut ermöglicht. Da der Pflanzenkörper selbst als Vorratsbehälter für Trockenzeiten dient und durch seine Kugel- bzw. Säulenform nur eine sehr kleine Oberfläche mit nur wenigen Spaltöffnungen hat, vermögen Sukkulenten sehr lange, ja selbst über Jahre, ohne neuerliche Flüssigkeitsaufnahme während der Vegetationsperiode am Leben zu bleiben.
Sukkulenz kann auch bei Pflanzen salziger Böden vorkommen, wie beim Queller *(Salicornia europaea)*, der an unseren Küsten wächst. Hat das Grundwasser einen zu hohen Salzgehalt, nimmt die Pflanze nichts auf. Verdünnt sich der Salzgehalt durch einen ergiebigen Regenschauer, wird sofort Flüssigkeit aufgenommen und in den fleischigen, runden Stielen sowie in den fleischigdicken Blättchen gespeichert. Mit dieser Reserve kommen die Pflanzen wieder eine Zeitlang aus.
Betrachten wir die Sukkulenten näher, stellt sich ein großer Unterschied zwischen den Kakteen und den anderen Sukkulenten heraus. Alle Kakteen gehören der Familie der *Cactaceae* an, alle anderen Sukkulenten dagegen den verschiedensten Pflanzenfamilien.
Die Kakteen unterscheiden sich von allen anderen Pflanzenfamilien durch den Besitz von Areolen. Die Areole ist ein Organ, das in irgendeiner Weise mit dem Vegetationspunkt (dem »Auge«) verbunden ist und aus dem die Dornen entspringen.

Schon vor Jahrhunderten hat man den Pflanzen Namen gegeben und in alten Kräuterbüchern findet man Bezeichnungen, die auch heute noch Gültigkeit haben. Andere Namen sind im Laufe der Zeit untergegangen und durch neue ersetzt worden. Vor allem für die bekannten Gebrauchs- und Nutzpflanzen versuchte man schon bald ein gewisses Ordnungsprinzip zu entwickeln. Jedoch waren die alten Systeme zu summarisch und nicht immer eindeutig, so daß viele Arten und Gruppen durcheinander gebracht wurden.
Der Schwede Karl Linné oder Carolus Linnaeus (1707–1778), ein berühmter Botaniker, entwarf ein vollkommen neues System, das auch in unserer neuzeitlichen Pflanzensystematik noch gebräuchlich ist. Man gab so den Pflanzen die sog. wissenschaftlichen Namen. Viele Pflanzenliebhaber wollen den Sinn dieser Namensgebung oder Nomenklatur nicht einsehen. Doch wenn sie sich näher mit Pflanzen beschäftigen und mit anderen Pflanzenfreunden korrespondieren wollen, kommen sie bestimmt nicht ohne diese wissenschaftlichen Namen aus. Mit den gebräuchlichen Namen kommt man nicht weit; sie sind örtlich und in anderen Ländern so unterschiedlich, daß große Verwirrungen entstehen können. Die wissenschaftlichen Namen dagegen sind in der ganzen Welt für alle Pflanzen einheitlich. Hierfür gelten internationale Absprachen und Regeln.
Ein solcher Name besteht immer aus zwei Teilen. Der erste Name ist der Gattungs-, der zweite der Artname. Eine Pflanzengattung ist eine Gruppe von Pflanzen, die gewisse Merkmale gemeinsam haben, sich jedoch in anderen Punkten voneinander unterscheiden. Alle Arten innerhalb einer Gattung haben denselben Gattungsnamen.
Nehmen wir z. B. die Gattung Hahnenfuß mit dem lateinischen Gattungsnamen *Ranunculus*. Davon gibt es zahlreiche Arten. Eine davon bei uns häufig vorkommende ist der Scharfe Hahnenfuß, *Ranunculus acris* (*acris* = scharf). Ganz vollständig wird der Name jedoch erst, wenn wir noch den (evtl. gekürzten) Namen des Autors hinzufügen, der die Pflanze zuerst beschrieben hat. Bei diesem Hahnenfuß war es Linné. Es ist wichtig, daß der Autorenname genannt wird; dies gilt natürlich auch für Kakteen.
Vor einigen Jahrzehnten, als die Kommunikation noch schwieriger war, geschah es oft, daß Pflanzen von verschiedenen Autoren beschrieben wurden. Auch heute kommt so etwas noch vor. Nach den Regeln der Nomenklatur ist stets die erste, gemäß diesen Regeln erfolgte Beschreibung gültig. Diese Beschreibung muß

dann auch als erste veröffentlicht sein, alle später folgenden Publikationen sind ungültig, man nennt diese Namen Synonyme. Ohne hierauf weiter einzugehen, wollen wir uns jetzt näher mit dem Pflanzenreich selbst befassen.

Das Pflanzenreich ist in verschiedene Hauptabteilungen gegliedert. Die meisten davon werden wir ganz außer Betracht lassen und uns mit den Samen- oder Blütenpflanzen, (Spermatophyten), auch Phanerogamen (nach älterem Einteilungsmodus), befassen. Bei diesen unterscheidet man wiederum die Abteilungen der Nacktsamigen (Gymnospermen) und die Abteilung der Bedecktsamigen (Angiospermen), auch Magnoliophytina. Zu diesen sind die Kakteen zuzuordnen. Ohne weiter auf Fragen der Systematik einzugehen, sei erwähnt, daß man innerhalb der Angiospermae gliedert in eine Gruppe von Pflanzen mit einem Keimblatt: Klasse der Einkeimblättrigen (Monokotyledonen) und in eine Gruppe mit zwei Keimblättern: Klasse der (Zweikeimblättrigen) (Dikotyledonen).

Wollen wir etwas mehr über diese Pflanzen in Erfahrung bringen, müssen wir zunächst wissen, was Keimblätter sind. Wir können uns dies verhältnismäßig einfach veranschaulichen, wenn wir Samen einer Feuerbohne keimen lassen. Nachdem die Samenschale gesprengt ist, sehen wir nämlich zwei deutlich auseinanderweichende Hälften. Das sind die Keimblätter oder Kotyledonen. Sie sind miteinander durch die Keimachse verbunden, an der sich nach oben die Sproßknospe, und nach unten die Keimwurzel befinden. Die beiden Keimblätter zeigen uns, daß wir es mit einer zweikeimblättrigen (dikotylen) Pflanze zu tun haben, im Gegensatz z. B. zu lilienartigen Pflanzen oder Gräsern, die nur einkeimblättrig (monokotyl) sind, (griechisch: monos = ein; dis = zwei; Kotyledon = Saugwarze).

Kakteen sind dikotyle Pflanzen. Die beiden Keimblätter sind bei nahezu allen Sämlingen deutlich zu erkennen. Sie sind bei *Opuntia*- und mehreren *Cereus*-Arten am größten, bei *Mammillaria* schon beträchtlich kleiner und bei *Parodia* schließlich sehr klein bis unscheinbar.

Die Dikotylen sind wieder in zwei Unterklassen einzuteilen:

Unterklasse 1: Pflanzen mit einer loseblättrigen Blütenkrone (Choripetalae)

Unterklasse 2: Pflanzen mit einer verwachsenblättrigen Blütenkrone (Sympetalae)

Neben vielen anderen Pflanzen gehören auch die Kakteen zu den Sympetalen.

Die Familie der Kakteen ist wieder unterteilt in drei Unterfamilien:

die *Pereskia*-artigen oder Pereskioideae
die *Opuntia*-artigen oder Opuntioideae
die *Cereus*-artigen oder Cereoideae

Jeder dieser drei Gruppen gehören verschiedene Gattungen mit einer unterschiedlichen Anzahl von Arten an.

Geographische Verbreitung

In großen Teilen Amerikas sind die Kakteen einheimische Pflanzen. Ihre Verbreitung reicht von Kanada bis in den äußersten Zipfel von Süd-Amerika, inbegriffen die naheliegenden Inselgruppen sowohl des Stillen als des Atlantischen Ozeans.

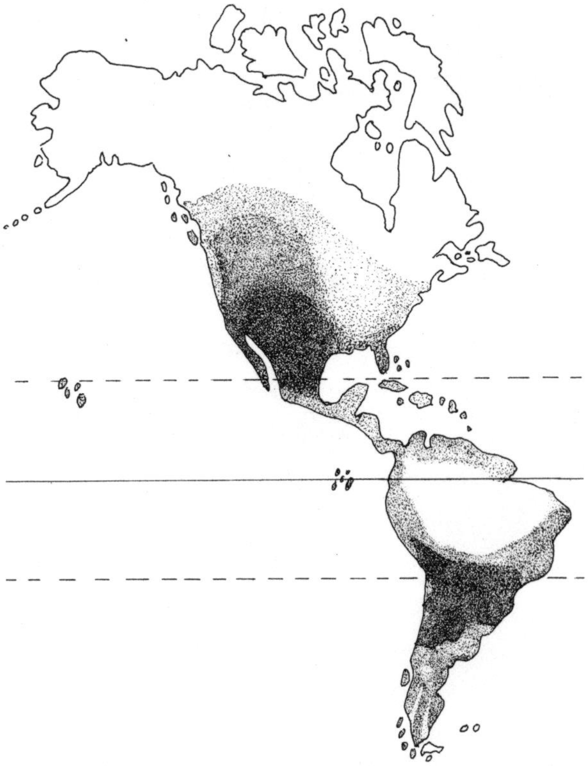

Schematische Darstellung der Verbreitungsgebiete der *Cactaceae* auf dem amerikanischen Kontinent.
Am dichtesten ist die Kakteen-Vegetation im Bereich der beiden Wendekreise. Die großen brasilianischen Urwälder und der Amazonas teilen das Gesamtgebiet in zwei große Zentren mit jeweils eigenen typischen Arten.

Betrachten wir die Karte von Nord- und Süd-Amerika, dann sehen wir den Äquator und den südlichen Wendekreis über Süd-Amerika und den nördlichen Wendekreis über den südlichen Teil Nord-Amerikas verlaufen. Erstaunlich, daß gerade in den Wendekreisgebieten die größte Konzentration von Kakteen zu finden ist, während sie sowohl zum Äquator als nach Norden und Süden hin abnimmt. Der Äquator verläuft quer durch das Amazonasgebiet. Dieses riesige Urwaldgebiet mit seinen vielen Flußläufen teilt die Kakteen eigentlich in zwei getrennte Ausbreitungszentren. Jedes hat seine eigenen Gruppen und Gattungen. Nur einzelne Arten siedeln sowohl im Norden als auch im Süden.
Das Klima in den Aufwuchsgebieten der Kakteen ist eher trocken. Jedenfalls kommen längere Trockenperioden vor. Obwohl eine beachtliche Anzahl von Arten in den warmen Zonen, ja selbst in den heißen Wüstengebieten lebt, sind die meisten doch in wesentlich gemäßigteren Zonen verbreitet.
Außerhalb Amerikas findet man sehr wenige Kakteenarten, z. B. eine einzige *Rhipsalis*-Art in Afrika und auf Madagaskar. Alle Kakteen, die wir anderswo finden, z. B. im Mittelmeerraum oder in Australien, sind durch den Menschen dort hingebracht und verwildert.
Die größere Variabilität amerikanischer gegenüber europäischen Pflanzen versucht eine Theorie mit der unterschiedlichen Faltungsrichtung der Hochgebirge in Amerika bzw. in Europa und Asien zu erklären. Die Faltungen in Amerika verlaufen danach in Nord-Süd-Richtung, in Europa und Asien jedoch in Ost-West-Richtung.
In Amerika konnten sich dadurch die Pflanzen während der großen Eiszeiten sowohl in südlicher wie in nördlicher Richtung vor dem an- und abrückenden Eis zurückziehen. Dabei stießen sie auf viele andere verwandte Pflanzenarten, mit denen sie sich kreuzten. Daraus entstanden neue Formen und sogar neue Arten, von denen sich viele behaupten konnten. In Europa und Asien dagegen bildeten die in ost-westlicher Richtung verlaufenden Gebirge eine Barriere, die die Pflanzen vor dem anrückenden Eis nicht überwinden konnten. Dadurch gingen viele Arten unter.

Form, Bau und Wachstum der Kakteen

Die einzelnen Pflanzengruppen haben ihre eigene, typische Gestalt. Sie besitzen nicht nur eine Reihe von Merkmalen, die ihre systematische Einordnung erlauben, häufig kann man sogar schon von verschiedenen charakteristischen Organen ableiten, wie eine Pflanze leben muß und wo in dem riesigen Naturganzen ihr Platz ist. Die drei Grundorgane, Wurzel, Sproß und Blatt bauen eine Pflanze auf. Jedes für sich hat eine spezielle, lebensnotwendige Funktion. Fällt eines dieser Organe plötzlich aus, besteht die Gefahr, daß die ganze Pflanze darunter leidet, ja sogar daran zugrunde geht.

Die Samen

Kakteen sind Samenpflanzen und bilden als solche bei voller Entwicklung Blüten. Nach Bestäubung und folgender Befruchtung entstehen im Fruchtknoten die Samen. Jeder von ihnen beinhaltet einen neuen Organismus, ein neues Individuum und damit gleichzeitig eine neue Generation. Innerhalb der Samenschale oder Samenhaut ist bereits die junge Pflanze angelegt. Sie zeigt nach der Keimung Merkmale beider Elternpflanzen.
Reife und trockene Samen unterliegen einer vollkommenen Samenruhe. Kakteensamen können oft sehr lange keimfähig bleiben, was für viele Arten lebenswichtig ist. Denn besonders in niederschlagsarmen Gebieten kann es bisweilen Jahre dauern, bis günstige Keimungsbedingungen gegeben sind. Dabei gehen viele Samen zugrunde und nur wenige haben eine Chance, die Trockenheit zu überstehen und sich zu einer neuen Pflanze zu entwickeln.
Wenn wir übrigens Keimung und Beginn des Wachstums in den Saatkästen verfolgen, können wir die eingangs getroffene Feststellung, daß Kakteen zweikeimblättrige Pflanzen sind, leicht selbst beobachten und bestätigen.
Samen unterscheiden sich erheblich in Form, Größe, Farbe und Aussehen. So haben Samen von *Opuntia subulata* (Mühlpf.) Eng. einen Durchmesser von 12 mm, während die von *Parodia microsperma* (Web.) Speg. höchstens 0,5 mm messen. Die Vielfalt der Formen wird schon aus den wenigen Beispielen der Abbildung ersichtlich. Auch farblich bestehen beachtliche Unterschiede: *Opuntia*-Samen sind oft hellfarbig, während die anderer Arten tiefschwarz sind. Ebenso variieren die Oberflächen von rauh bis sehr glatt und von matt bis hochglänzend.
Betrachten wir das Samenkorn von außen, dann fällt uns sofort die derbe Außenhaut, die Samenschale (Testa) auf. Weiter erkennt man gut den sog. Nabel (Hilum). Er bezeichnet die Stelle, an der der Nabelstrang (Funiculus) unter Bildung einer Narbe abbricht, d. h. an der sich die ausgereifte Samenanlage als Same von der Mutterpflanze ablöst. Innerhalb des Funiculus,

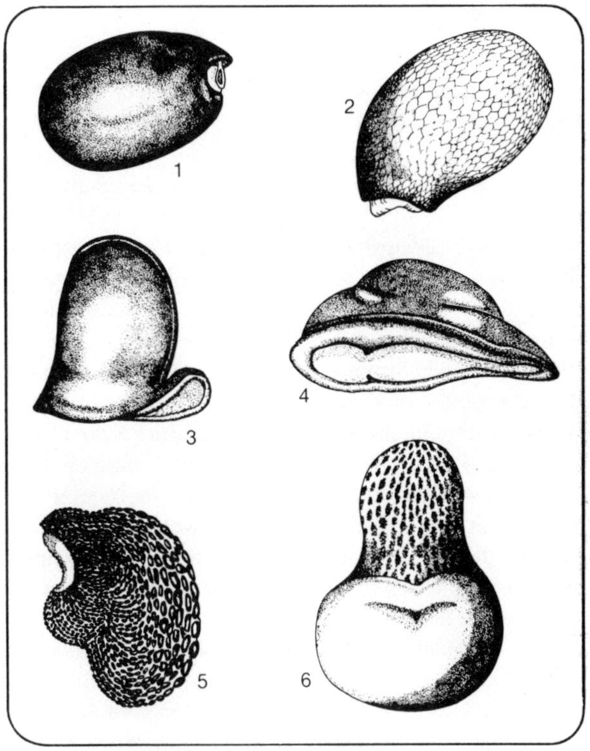

Samenformen bei Kakteen
1 *Pereskia*, ca. 5 mm ∅
2 *Rhipsalis*, ca. 2–3 mm ∅
3 *Gymnocalycium denudatum*, ca. 2–3 mm ∅
4 *Astrophytum myriostigma*, ca. 3 mm ∅
5 *Monvillea haageana*, ca. 1–1,5 mm ∅
6 *Mammillaria pennispinosa*, ca. 1–1,5 mm ∅

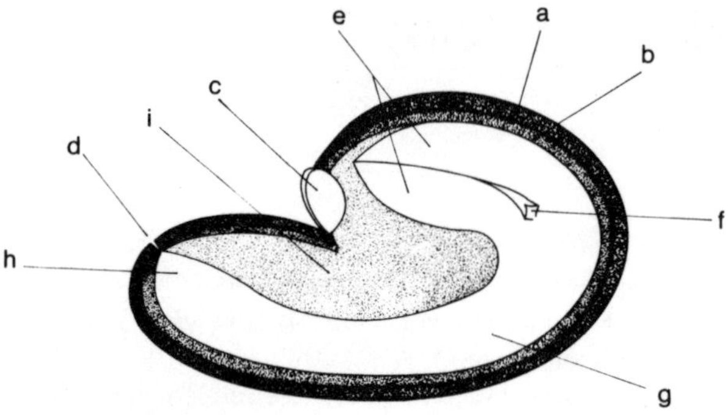

Schematische Darstellung eines Längsschnittes durch einen Kakteensamen
a Äußere Samenhaut oder Samenschale (Testa)
b Innere Samenhaut oder Samenschale
c Nabel (Hilum)
d Mikropyle
e Keimblätter (Kotyledonen)
f Sproßknospe (Plumula)
g Epikotyl
h Keimwurzel (Radicula)
i Endosperm/Perisperm

den man z. B. bei *Astrophytum*-Samen gut erkennen kann, verlaufen Gefäße. Sie bewerkstelligen die Wasser- und Nährstoffversorgung von der Plazenta, dem Bildungsgewebe der Samenanlage, zu den Samenanlagen.

In manchen Fällen sind die Samen von einem hautigen, fleischigen, bisweilen auch haarigen sog. Samenmantel (Arillus) umhüllt. Dieser kann zu einer kleinen Erhebung am Funiculus, der Strophiole, reduziert oder nur mehr als warzenförmiges Gebilde, als Caruncula, nahe der Mikropyle lokalisiert sein. An der Mikropyle tritt bei der Keimung die Keimwurzel aus dem Samen heraus. Um dies zu erleichtern bleibt dieser Bereich dünner. Dies wird dadurch erreicht, daß sich im Inneren des Samens an dieser Stelle die ein- bis zweischichtige Umhüllung des Nucellus, eines zentralen Gewebekomplexes, nicht ganz schließt, so daß eine kleine runde Öffnung, eben die Mikropyle verbleibt.

Bei einem Blick in das Mikroskop sehen wir an einem Schnitt durch einen größeren Kakteensamen eine Abfolge von Schichten und im Inneren den Keimling, der von einem Gewebe unterschiedlicher Mächtigkeit umgeben ist. Es handelt sich dabei um ein Nähr- und Speichergewebe, das bei einer Reihe von Arten auch fehlen oder nur schwach ausgebildet sein kann.

Wo es vorhanden ist, umschließt es den jungen Keimling ganz oder weitgehend und dient ihm als Nährstoffreservoir vor oder bei der Keimung. Es wird meist von dem Endosperm im Embryosack, bisweilen auch vom Perisperm gebildet. Ausgangspunkt für das Endosperm ist der Endospermkern. Wenn sich nämlich nach der Befruchtung aus der Zygote (befruchtete Eizelle) der Embryo bildet, entsteht aus dem triploiden Endospermkern und dem restlichen Plasma des Embryosacks das (sekundäre) Endosperm. Dabei eilt der Endospermkern mit seiner ersten Teilung dem Zygotenkern voraus und füllt nach und nach den Embryosack mit Zellen auf, die sich um den Embryo anordnen.

Auch das den Embryosack umgebende Nucellusgewebe kann als Nähr- und Speichergewebe fungieren und als Perisperm den Embryo umschließen. Auf diese Fragen wird bei der Besprechung der Befruchtung noch näher eingegangen werden.

Am Keimling erkennen wir die Keimwurzel, den Keimsproß, die Keimblätter und die Sproßknospe. Aus der Keimwurzel (Radicula) wird im Zuge der Entwicklung die Hauptwurzel als bleibendes Organ der zweikeimblättrigen Pflanzen. Die beiden Keimblätter (Kotyledonen) sind die ersten Blätter einer zweikeimblättrigen Pflanze, bei einer Reihe von Kakteen auch die einzigen. Sie befinden sich an dem Keimsproß über der Keimwurzel am ersten Stengelknoten. Der Abschnitt des Keimsprosses unterhalb der Keimblätter bis zur Radicula heißt Hypokotyl. Zwischen den beiden Keimblättern befindet sich die Sproßknospe (Plumula). Diese ist vor der Keimung noch so klein, daß sie kaum zu erkennen ist. Im Verlauf des weiteren Wachstums verlängert sich die Sproßachse über die Kotyledonen hinaus. Den Abschnitt zwischen Kotyledonen und Sproßknospe bzw., Kotyledonen und dem ihnen nach oben folgenden 1. Blatt oder 1. Blattpaar bezeichnet man als Epikotyl. Bei den Kakteen ergeben sich hier Unterschiede gegenüber den Blattpflanzen.

Die Keimpflanze

Die ausgekeimte junge Pflanze bezeichnet man als Keimpflanze (Plantula). Sie zehrt und lebt noch von den im Endosperm, im Perisperm und/oder den in den Keimblättern festgelegten Reservestoffen. An ihr lassen sich nun die einzelnen Abschnitte der Pflanze besser erkennen, als das noch am Embryo der Fall war. Hauptwurzel, Hypokotyl, die beiden Keimblätter und Sproßknospe/Sproß heben sich nun deutlich heraus. An der Hauptwurzel, Dauerorgan bei den Zweikeimblättrigen, also auch bei den Kakteen, kann man bald die Bildung von Seitenwurzeln beobachten. Nur das Hypokotyl ist bei den Kakteen nicht sehr deutlich zu erkennen, da es direkt in die beiden Keimblätter übergeht.

Die Keimblätter können sehr unterschiedlich sein. Keimpflanzen der *Pereskia*-Arten erinnern noch sehr stark an die bei Dikotylen üblichen Verhältnisse. Auch wird hier noch oberhalb der Keimblätter ein kleiner Sproßabschnitt ausgebildet. Bei den *Opuntia*-Arten sind die Keimblätter bereits viel dicker als bei *Pereskia*. Sie bilden meist ein stielrundes, dicht mit Areolen besetztes Stämmchen. Erst in einem späteren Stadium kommt es bei den sog. Scheiben- oder Gliederopuntien zur Ausbildung flacher Sproßglieder.

Die *Phyllokaktus*- und *Epiphyllum*-Arten haben anfangs eine gleiche Entwicklung. Meist wird ein kleines rundes Stämmchen gebildet, manchmal heben sich auch flache und verlaufende Rippen ab. In einem späteren Stadium verflachen sich die Sproßachsen zu blattartigen Gliedern.

Neben *Cereus*-Arten mit noch verhältnismäßig großen Keimblättern, zwischen denen sich der Sproß bald in der arttypischen Form entwickelt, gibt es Arten, bei denen man die zunehmende Verkleinerung der Keimblätter verfolgen kann. Oft verwachsen sie vollkommen mit dem Wurzelhals, so daß sie kaum noch auffindbar sind. Bei zu den *Cereus*-Arten gehörenden Kugelkakteen geht die Rückbildung der Keimblätter noch weiter, bis sie schließlich bei einigen Gattungen zu winzigen Gebilden reduziert sind, die nur noch mit der Lupe zu erkennen sind. Die ganze Keimpflanze ist eigentlich nicht mehr als ein kleines, rundes bewurzeltes Kügelchen, auf dessen Oberseite ein kleiner Spalt die Sproßknospe birgt. Die Wurzelausbildung bei den Keimpflanzen vieler kleinsamiger *Parodien* ist so extrem schwach, daß die Pflänzchen kaum noch Halt im Boden finden.

Bei den Samenpflanzen befinden sich die Knospen der Seitentriebe, die sog. Achselknospen (Augen), in den Blattachseln, also an den Stellen, an denen die Basis des Blattstiels in die Sproßachse übergeht. Sofern sich diese Knospen nicht zu Seitentrieben entwickeln, bleiben sie erhalten; man nennt sie dann im Hinblick auf diesen Ruhezustand schlafende Knospen (schlafende Augen). Bei Kakteen ist die Situation grundsätzlich vergleichbar. Durch anpassungsbedingte Veränderungen am Achsenkörper und den Wegfall der Blätter sind die Verhältnisse auf den ersten Blick jedoch weniger überschaubar. Wenn wir aber davon ausgehen, daß die kleinen für die Kakteen so typischen Haarpolster, die sog. Areolen, den Seitensprossen anderer Pflanzen entsprechen, wird klar, daß auch hier aktivierbare und austriebsfähige Knospen bereitgestellt sind. Man kann dies leicht beobachten, z. B. an Jungpflanzen, deren Wachstumszone in einem frühen Stadium beschädigt wird. Die Pflanze treibt dann, u. U. sogar an mehreren Stellen, aus und wird dadurch »vielköpfig«. Dabei ist typisch, daß sich solche mehrscheiteligen Pflanzen weder im Umfang, noch im Volumen von einscheiteligen derselben Aussaat nennenswert unterscheiden.

Bei Keimpflanzen gibt es gelegentlich schon Kammbildung. Diese Erscheinungen können unabhängig von dem jeweiligen Lebensabschnitt oder der Lebensdauer auftreten.

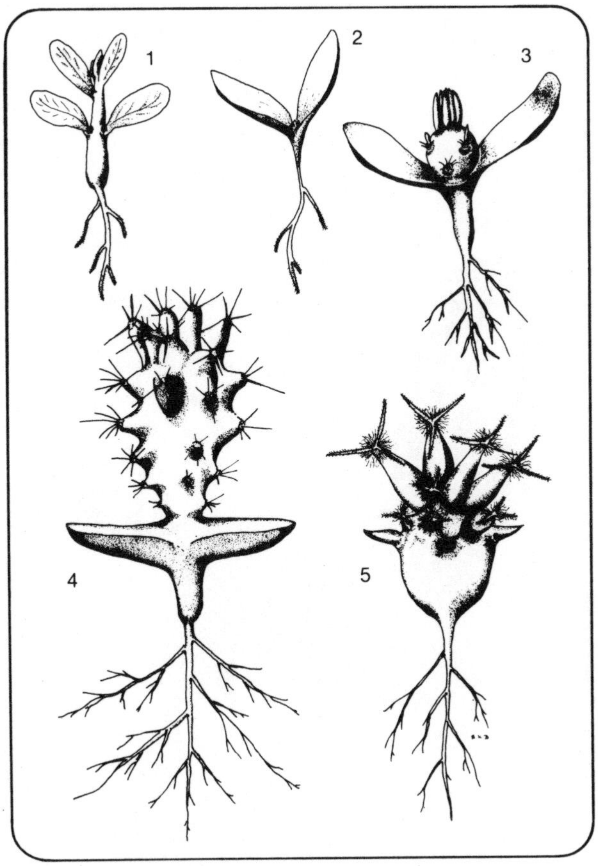

Keimpflanzen, Sämlinge
1 *Pereskia* 3 Monate alt (nat. Gr.)
2 *Opuntia*, 3 Wochen alt (nat. Gr.)
3 *Opuntia*, 6 Wochen alt (nat. Gr.)
4 *Lemairocereus beneckii*, einjähriger Sämling (nat. Gr.)
5 *Leuchtenbergia principis*, einjähriger Sämling (2fach vergr.)

Die Wurzel

Wie alle zweikeimblättrigen Pflanzen haben Kakteen eine Hauptwurzel, die jedoch nicht immer deutlich erkennbar ist. Ablegern fehlt sie ganz. Bei ihnen kommen nur Nebenwurzeln vor. Bei Sämlingen erscheinen schon sehr bald an der meist gut erkennbaren Hauptwurzel die Seitenwurzeln. Sie entstehen im Inneren der Hauptwurzel als Wurzelanlage (Initialzellen) und immer in Verbindung mit den längslaufenden Gefäßsträngen der Mutterwurzel. Die Wurzelanlage durchbricht im Zuge ihrer Entwicklung die Rinde der Hauptwurzel und wächst dann zur Seitenwurzel aus. Die letzte Verzweigungsstufe führt zu den Saugwurzeln. In der freien Natur breitet sich das Wurzelwerk der Kakteen meist kurz unter der Bodenoberfläche und nach allen Seiten stark aus. Bei einer Reihe von Arten kommen auch große rüben- bis knollenförmige Wurzeln vor. Sie fungieren insbesondere als Wasserspeicher (Reservoir) für Trokkenperioden. Oft gehen sie in einen breiten Wurzelhals über. Und da der unterirdische Teil der Pflanze im Vergleich zum oberirdischen sehr klein sein kann, ist es manchmal sehr schwierig festzustellen, ob es sich um einen unterirdischen Sproß oder um eine verdickte Wurzel handelt.

Die Wurzeln haben mehrere Aufgaben. Einmal sorgen sie für die Verankerung der Pflanzen an einem für sie günstigen Standort. Zum anderen übernehmen sie den Transport von Wasser und Nährsalzen, die für Wachstum und Gedeihen unentbehrlich sind.

Das Wasser wird von den Wurzelhaaren aufgenommen. Diese äußerst feinen Organe, die in sehr großer Zahl vorhanden sind, sind für die Pflanze außerordentlich wichtig. Betrachten wir sie unter einem Mikroskop, so erscheinen sie als lange, sackförmige Ausstülpungen der Oberflächenzellen. Diese Ausstülpungen vergrößern die Oberfläche der Zelle natürlich erheblich und schaffen außerdem eine Vielzahl von Haftpunkten im Boden. Wie sehr sie an der Verankerung einer Pflanze an ihrem Standort beteiligt sind, können wir leicht feststellen, wenn wir eine Jungpflanze aus dem Boden nehmen und die Wurzel gut mit Wasser abspülen. Die Wurzelhaare halten Bodenteilchen und Sandkörnchen so fest umfangen, daß es nicht gelingt, sie allein durch den Spülvorgang ohne Beschädigung zu trennen.

Die dünne Wand der Wurzelhaare können wir außerdem als eine Trennschicht betrachten zwischen dem Zellsaft mit seinen Säuren und Salzen im Inneren der Pflanze und dem Bodenwasser außerhalb, in dem die Nährstoffe in geringerer Konzentration gelöst sind.

Zwischen beiden Bereichen kommt es zu einem Stoffaustausch. Dabei läßt das Zellplasma sehr wenige Stoffe nach außen treten, nimmt aber Wasser und Nährsalze auf. Durch die Abscheidung von Stoffen über die Wurzel in den umgebenden Boden trägt die Pflanze selbst auch zur Aufbereitung und Aufschließung der für sie notwendigen Materialien bei. Die innige Verbindung

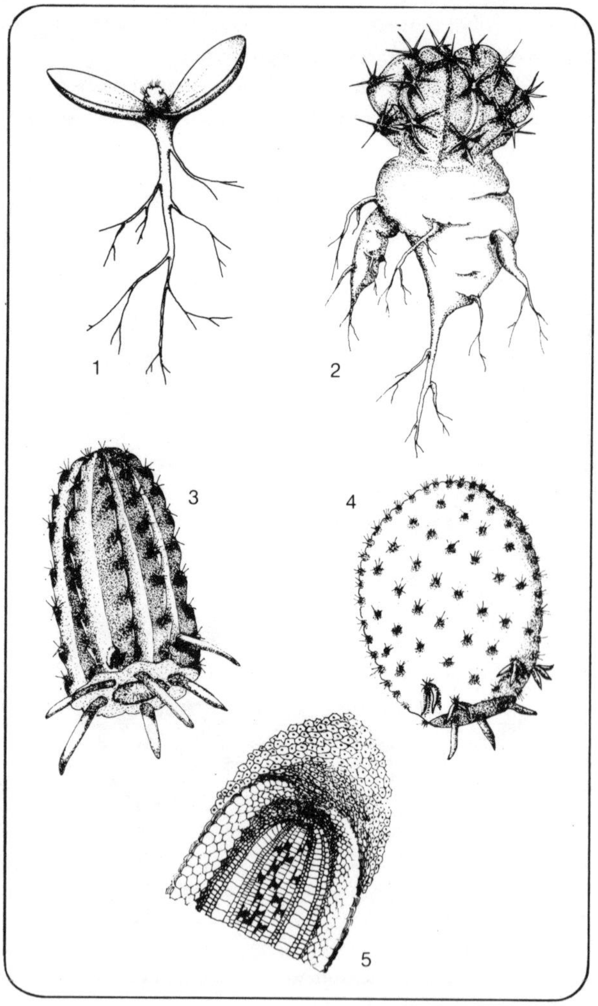

1 Kakteensämling mit Haupt- (Pfahl-)wurzel und Seitenwurzeln
2 Kaktus mit knollenförmiger Wurzel und Seitenwurzeln; die verdickte Hauptwurzel dient u. a. als Wasser- und Nährstoffreservoir
3 Kopfsteckling einer *Cereus*-Art mit Nebenwurzeln; eine Hauptwurzel wird in diesem Fall nicht ausgebildet
4 Scheibensteckling einer Opuntie mit Nebenwurzeln
5 Wurzelspitze mit Wurzelhaube

mit dem Boden, der Aufbau ihrer Wurzel und insbesondere Bau, Anzahl und Oberflächenwirkung ihrer Wurzelhaare sind Voraussetzungen für die Sicherung und Intensivierung des lebensnotwendigen Stoffaustausches.

Am äußersten Ende der Wurzel befindet sich die sog. Wurzelhaube. Sie ist eine regelrechte Schutzkappe für die druckempfindliche Wurzelspitze. Aus ziemlich festem Gewebe aufgebaut, ist sie besonders geeignet, die Wurzel im Wachstum und beim Vordringen im Boden ausreichend zu schützen. Die äußersten Zellen der Wurzelhaube werden von innen her durch neue ersetzt. Die Zellen dieses Bereiches verquellen zu einer gelartigen Masse und halten dadurch die Wurzelspitze gleitfähig und geschmeidig.

Die bereits erwähnten Nebenwurzeln haben dieselbe Funktion wie die Hauptwurzeln. Auch sie verzweigen sich und bilden Saugwurzeln und Wurzelhaare.

Luftwurzeln kommen bei einer Reihe von *Phyllocactus- Hylocactus- Epiphyllum- Aporocactus*-Arten vor. Sie befinden sich dann an den Außenenden von Zweigen. Ihre Aufgabe ist es, Feuchtigkeit aus der Luft aufzunehmen. Bei Berührung mit dem Boden übernehmen sie die üblichen vorgenannten Wurzelfunktionen. Sie sind als Nebenwurzeln zu werten.

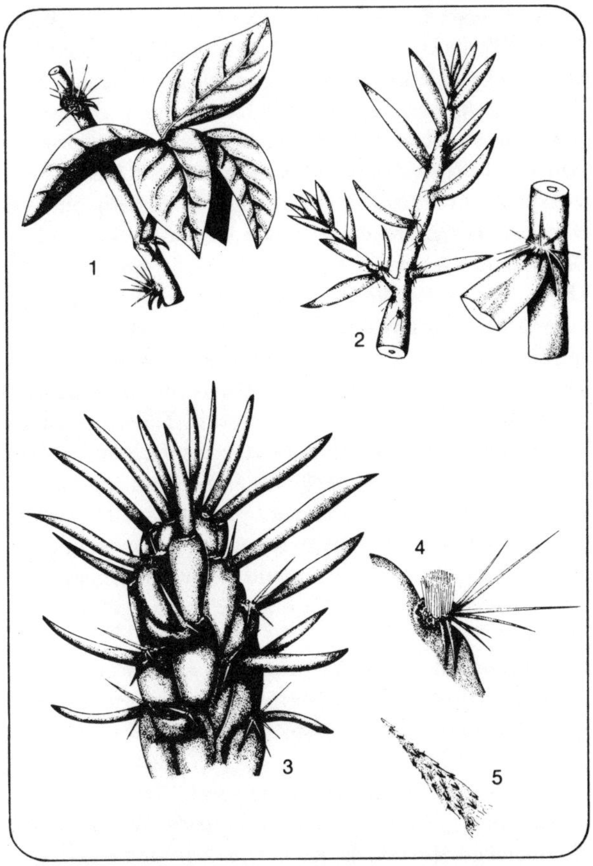

1 *Pereskia*: Sie bildet noch normale Blätter aus.
2 *Pereskiopsis* spec.: Diese *Pereskia* ähnelnde *Opuntia*-Art hat noch viele kleine, bereits sukkulente Blättchen.
3 Spitze von *Opuntia subulata*: Die rollrunden Blättchen vertrocknen nach einigen Monaten und fallen dann ab.
4 Areole mit Dornen und Glochidenbündel
5 Stark vergrößerte Glochide (25×) einer Opuntie

Die verschiedenen Formen der Kakteen

Wie bereits erwähnt wurde, stößt man in der Familie der Kakteen auf eine Vielfalt an Formen. Sind die *Pereskia*-artigen noch als Sträucher und Bäume im üblichen Sinn anzusprechen, bei denen lediglich die Blätter sukkulenten Charakter haben, so begegnet man bei den *Opuntia*-artigen schon bald abweichenden Formen. *Pereskiopsis* und *Quiabentia* haben sukkulente Stämme, Glieder und Blätter. Einige dieser Arten entwickeln sich auch noch zu vollständigen Sträuchern.

Die *Cylindropuntien* haben meist runde, stark verzweigte, sukkulente Stämme. An den Sproßscheiteln entstehen zunächst zwar noch kleine, zylindrische Blättchen, sie fallen jedoch frühzeitig ab. Eigenartigen Formen begegnet man bei *Cylindropuntia clavarioides* Pfeiff. An ein- und derselben Pflanze findet man zylindrische, knoten- oder kammförmige und monströse Glieder.

Die Gattung *Tephrocactus* hat immer kugelförmige Glieder. Jede Kugel entspricht einer Wachstumsperiode. Durch ihren verzweigten und gedrungen flächigen Wuchs sind diese Hochgebirgspflanzen ihrem natürlichen Lebensbereich in höchstem Maße angepaßt. Sie kommen vor in der interandischen Hochfläche in Höhen von 3000–4000 Metern über Meereshöhe.

Die Arten der Gattung *Opuntia* sind als Scheibenkakteen bekannt. Jedes einzelne Glied durchläuft in einer einzigen Periode alle Wachstumsstadien bis zur völligen Ausreife. Die Scheiben vergrößern in der nächsten Periode ihren Umfang kaum oder gar nicht. Wohl aber entstehen an ihren Rändern oder auf ihrer Oberfläche neue Glieder. Die untersten Glieder wachsender Opuntien nehmen an Umfang zu und formen sich von flachen Scheiben zu dicken runden Stämmen um. Sie geben so-

mit eine feste Basis für die sich immer weiter ausbreitende Gliederkrone ab. Die Stämme von Opuntien werden wohl hart und zäh, sie verholzen aber nicht.
Auch die *Rhipsalis*-Arten sind formenreich. Ihre stark verzweigten, kleinen Stämmchen haben meist hängenden Wuchs. Die Zweige können rund oder kantig, bisweilen auch blattförmig sein. Die Areolen befinden sich dann wie bei *Epiphyllum* an den seitlichen Rändern.
Auffallend ist die Form von *Hatiora salicornioides* (Haw.) Br. u. R., die einer sehr bekannten Pflanze unserer Meeresküsten, dem Queller (*Salicornia europaea*), ähnlich ist, worauf auch ihr Artname hinweist.
Die Sprosse der Gliederkakteen sind flach und gegliedert. Die Areolen sind teilweise in die Nähe der abgestumpften Enden gerückt. Dort entstehen auch neue Glieder oder Blüten. Mit zunehmendem Alter der Pflanzen werden die untersten Sproßabschnitte breiter. Sie formen sich zu einem braunen, nicht verholzten Stämmchen mit recht harten und zähen Gewebepartien um. Sehr häufig haben sie einen einseitig gefächerten Wuchs.
Die verschiedenen *Phyllocactus-, Epiphyllum-* und *Cryptocactus*-Arten, die Gattungen *Marniera, Lobera, Nopalxochia, Disocactus* usw. sind strauchförmig. Die Sprosse sind flach oder dreikantig, bisweilen auch rund.
Selenicereus-Arten haben lange, drei-, bis vier- oder mehrrippige, *Hylocereus*-Arten meist dreikantige oder dreiflügelige Sprosse. Beide Gattungen bilden oft viele Luftwurzeln.
Bei aller Vielgestaltigkeit der *Cereus*-artigen herrscht in dieser Gruppe die Säulen- oder Stammform vor. Schlanke, vielrippige Säulen findet man z. B. bei *Cleistocactus, Seticereus* und *Haageocereus*, während schlanke Säulen mit wenig Rippen für *Marginatocereus, Cereus* u. a. typisch sind. Die Stämme können kahl, aber auch dicht mit Dornen, Haaren oder Wolle bedeckt sein. Neben diesen eher schlanken Vertretern dieser Gruppe, gibt es solche mit stämmigen Säulen bis hin zu sehr gewaltigen, stark verzweigenden Formen mit riesigen Kronen. Die Verzweigungen können sowohl an der Basis, wie auch höher am Stamm erfolgen.
Kakteen des Säulen- und des Kugeltyps sind systematisch in einer Gruppe zusammengefaßt. Dies mag auf den ersten Blick verwunderlich erscheinen. Tatsächlich lassen sich aber von der *Cereus*-Form alle bis zum flachkugeligen Typ hin verkürzten Formen ableiten. Ihr Formenreichtum ist noch viel üppiger als bei den eigentlichen Cereen und man braucht sich nicht zu wundern, daß gerade diese Gruppe des besonderen Interesses der Liebhaber sicher ist.
Da gibt es solitäre Kugelformen, andere wiederum verzweigen sich an der Basis oder am Stamm und sind gruppenbildend. Häufig kommt sog. dichotome Teilung oder Gabelung vor. Die Scheitelform wechselt dann von normal rund zu mehr elliptisch. Dazu teilt sich von einem bestimmten Zeitpunkt an der Scheitel in zwei, gelegentlich in drei getrennte Bereiche. Der Vorgang kann sich oft und viele Jahre hintereinander wiederholen, was z. B. bei *Mammillaria parkinsonii* Ehrenb. dazu führt, daß Exemplare mit vielen Köpfen heranwachsen, die alle an einer Basis entspringen. Auf weitere Vielfalt der Formen soll an dieser Stelle nicht eingegangen werden, da im nächsten Abschnitt dazu noch eine Reihe von verschiedenen Gesichtspunkten erörtert werden soll.

Rippen, Areolen und Vegetationspunkte

Normalerweise trägt bei den Samenpflanzen jedes Laubblatt eine Achselknospe. Sie beinhaltet den jungen Trieb, an dem die Blätter in bestimmter Ordnung um die Sproßachse angelegt sind. Auf dieser Grundlage erfahren die Achselknospen der Kakteen gewisse Abänderungen, sie werden zu Haarpolstern, den sog. Areolen. Wir finden diese bei keiner anderen Pflanzenfamilie wieder und sie sind daher eines der wichtigsten Merkmale der Kakteen. Oft sind sie wollig-filzig, haben kugelförmige oder eingesenkte Kissen, tragen dicke Wollbäusche oder sind auch ganz kahl. Bei den Opuntien sind sie mit den sog. Glochiden, Widerhäkchen tragenden Borsten, besetzt. Sie können rund, rautenförmig, fünfeckig, deltaförmig, gestreckt oder auch anders geformt sein. Aus den Areolen entspringen die Dornen. Man könnte die Areolen als bedornte Seitenknospen bezeichnen.
Um diese Abänderungen besser zu verstehen muß man sich den Aufbau einer »normalen« Pflanze vergegenwärtigen. Daß das Jugendstadium der Kakteenpflanzen alle Merkmale dieses Bauplanes trägt, wurde bereits erwähnt: Wir stellen Wurzel, einen in der Regel aufrechten gestreckten Sproß und Blätter verschiedener Gestalt und bestimmter Anordnung fest. In allen Blattachseln, also in dem Winkel, der vom Sproß und der Anheftungsstelle der Blattstielbasis am Sproß gebildet wird, entsteht jeweils eine Seiten- oder Achselknospe. Ihre Lage kann sich mehr zur Sproßachse oder in anderen Fällen eher zur Basis des Blattstiels hin verschieben. Standort und Lebensweise der Kakteen bedingen nun eine Umwandlung dieses Grundtyps der pflanzlichen

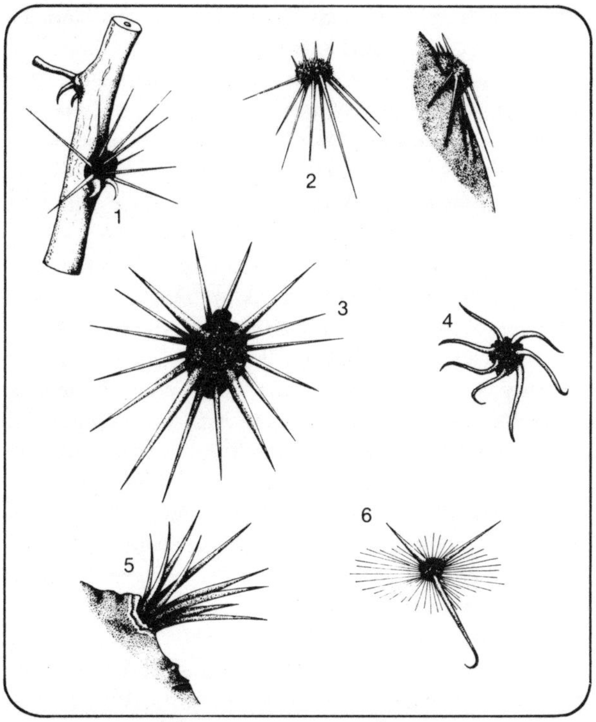

1 *Pereskia spec.* mit deutlichen Klimmdornen unterhalb der Areole (1/2×)
2 *Opuntia pycnantha,* Areole in Vorder- und Seitenansicht (3/4×)
3 *Lemairocereus spec.* (3/4×)
4 *Gymnocalycium denudatum* (1/2×)
5 *Astrophytum myriostigma* (1/2×)
6 *Mammillaria bombycina* (1 1/2×)

Gestalt in dreifacher Hinsicht: Der Achsenkörper, und hier hauptsächlich das Rindengewebe, wird zu einem Wasserspeicher verdickt. Die Blätter als transpirierende, also Wasser abgebende Organe, werden reduziert und in Dornen umgewandelt. Die Seitenzweige werden zu den bereits vorher schon genannten Haarpolstern oder Areolen.
Mit der Rückbildung der Blätter kann eine Veränderung an der Basis der verkümmernden Blattanlagen einhergehen: Sie können sich zu einem polster- oder kissenartigen Gebilde vergrößern, das besonders bei Warzen oder Höcker bildenden Arten recht ansehnlich werden kann. Von der Umwandlung der Seitensprosse wird der Vegetationspunkt – die Zone, die ständig embryonal und teilungsfähig bleibt – nicht betroffen. Er geht mit der Areole eine enge Verbindung ein und wird damit zur Bildungsstelle für Areolen, Blüten und Seitensprosse.
Bei einigen Kakteengruppen treten an die Stelle der Rippen Reihen von Höckern und Warzen. Während ein Teil von ihnen die Lage des Vegetationspunktes an der Areole beibehält, kommt es z. B. bei *Mammillaria,* wo die Areolen am Ende warzenförmiger Erhebungen sitzen, zur Entstehung von zwei teilungsfähigen Bereichen, indem an der Basis der Warze ein zweiter Vegetationspunkt tätig wird. Man bezeichnet diese Stelle als <u>Axille</u>. Sie wird Ursprungsstelle für Blüten und Seitensprosse, während die Areole an der Spitze der Warze Dornen ausbildet.
In diesem Zusammenhang sei auch gleich die Beobachtung erwähnt, daß Kakteenarten, bei denen Dornen in der eben beschriebenen Weise entstehen, die Zahl der Dornen pro Büschel im Laufe der Zeit nicht verändern. Dagegen sind die Areolen anderer Arten, wie z. B.die vieler Cereen über Jahre zur Neubildung von Dornen befähigt.
An dieser Stelle sollte auch vermerkt werden, daß die korrekte botanische Bezeichnung für die umgewandelten Laubblätter <u>Dornen</u> ist. Stacheln, wie sie z. B. Rosen oder Brombeeren besitzen, sind jedoch Bildungen äußerer Gewebebezirke (Rindengewebe). Gleichwohl soll in diesem Buch – als Zugeständnis an den üblichen Gebrauch – die bei Kakteenfreunden eingeführte Bezeichnung »Stacheln« statt Dornen mitverwendet werden.
Der enge Zusammenhang zwischen Knospe und Blatt macht uns die Verbindung zwischen Areole und Dornen bei Kakteen verständlich. Er erklärt zugleich mit der Verschiebbarkeit der Knospe in der Blattachsel auch eine vergleichbare Beweglichkeit der Areole. Der pflanzlichen Grundorganisation entspricht es auch, daß die Areolen wie Blätter und Knospen mit Leitbündelsträngen versorgt und an das Leitsystem der ganzen Pflanze angeschlossen sind.
Die Verlagerung des Vegetationspunktes manifestiert sich in vielerlei Übergangsstufen. So wird er bei verschiedenen *Coryphanta*-Arten etwa in die Mitte einer von der Areole zur Achse verlaufenden Spalte verlegt. Am weitesten ist dies bei der Gattung *Mammillaria* gediehen. Wir haben bereits besprochen, daß sich hier die Areole auf der Spitze der Warze befindet, während ein zweiter Vegetationspunkt ganz zur Achsel hin verschoben ist. Ein Spalt fehlt.
Die Gesetzmäßigkeiten der Blattstellung am Sproß, wie sie für Samenpflanzen gelten, lassen sich auch aus der Anordnung der Areolen ohne Schwierigkeiten ablesen.

Bei Opuntien sind die Areolen über die gesamte Oberfläche der Scheiben und zuzüglich entlang der Ränder nach einem ganz regelmäßigen Spiralmuster angeordnet. Bei Säulen- und Kugelkakteen sitzen die Areolen auf den Rippen. Diese laufen meist völlig parallel zur Sproßachse und entsprechend sind die Areolen in einer ganz geraden Zeile übereinander angeordnet. Gleichzeitig sind sie in der Wagerechten im ganzen Umfang des Achsenkörpers von Rippe zu Rippe in einem bestimmten Abstand in der Höhe versetzt, so daß nach links und rechts laufende Spiralen entstehen. Dieses Muster ergibt sich aus der Abfolge ihrer Entstehung im Sproßscheitel. Selbst bei Arten, die dabei jedes Mal ein oder zwei Rippen überspringen, ist das Muster rekonstruierbar (z. B. *Echinofossulocactus*). Durch den Zuwachs von Rippen wird der Abfolgerhythmus nicht nachhaltig gestört. Nach ein oder zwei Areolen stellt sich die Regelmäßigkeit wieder ein und das Wachstum setzt sich unverändert fort.
Besonders den Rippen säulenförmiger Arten kommt ein beachtlicher konstruktiver Wert zu, da diesen – im Gegensatz zu den Bäumen – Stützgewebe fehlen. Aber auch ein physiologischer Aspekt ist hier von Interesse. Man nimmt nämlich an, daß die Rippen einen gewissen Schattierungseffekt haben und in Verbindung mit der Art ihrer Anordnung die Abführung von Wärme fördern. Betrachtet man die wichtigsten Gruppen im Hinblick auf die Ausbildung von Rippen ergibt sich etwa folgendes Bild:
Pereskia-artige bilden holzige Stämme und Zweige mit glatten oder gerauhten Rinden aus. Mitunter sind, besonders bei älteren Zweigen, stützende Leisten vorhanden.
Cylindropuntia mit runden Stämmchen und Zweigen hat keine Rippen und ebensowenig Warzen, sondern mehr oder minder langgezogene Höcker, die die Areolen förmlich hochheben.
Opuntia hat gar keine Rippen, auch nicht an den dicken Stammgliedern.
Die langen, runden, z. T. kantigen Zweige von *Rhipsalis* verholzen nicht. Bei *R. cereoides* (Backbg. et Voll.) Backbg. sind deutlich kleine Rippen ausgeprägt und mit Areolen in weitem Abstand besetzt. *Epiphyllum* und *Phyllocactus* haben keine Rippen. Die dreikantigen Äste von *Phyllocactus* werden entsprechend auch nur als »geflügelt« bezeichnet.
An den dünnen langen Zweigen von *Selenicereus* sind 3–4 z. T. auch mehr als 10 Rippen ohne weiteres erkennbar.
Die kantigen oder geflügelten Glieder von *Hylocereus* sind hübsch und zierlich. Bei einigen Arten sind die Kanten hornfarbig und hart.
Viele *Cereus*-artige haben markante Rippen. Bisweilen verlaufen sie buchtig. Hinter den Areolen, die angehoben sind und dadurch etwa horizontal stehen, schwingt der Rippenbogen zurück, wodurch eine gebuchtete Umrißlinie wie bei *Erdisia quadrangularis* Rauh et Backbg. zustande kommt.
Borzicactus tesselatus Akers et Buin. markiert die Rippen noch durch Reihen sechseckiger Höcker, die leicht eingetieft sind und in deren Mitte die Areole liegt.
Die zahlreichen sehr flachen Rippen bei *Seticereus icosagonus* (HBK) Backbg. sind unter einer Unmenge goldgelber Dornen versteckt; die Areolen stehen dicht.
Recht einfache Rippen, deren Zahl bei den einzelnen Arten auch sehr schwankt, begegnet man bei *Trichocereus*-Arten. Übergänge zur Höckerbildung, wie z. B. bei *T. thelegonus* (Web.) Br. et R., sind vorhanden. *T. spachianus* (Lem.) Ricc. ist vielrippig, *T. pachanoi* Br. et R. hat nur wenige Rippen.
Die kurzen, gedrungenen Formen, wie z. B. *Echinopsis*, sind alle mit deutlichen Rippen ausgestattet, denen die Areolen meist in dichter Folge aufsitzen. Von *E. leucantha* (Gill.) Web. besteht ein Verwandtschaftsverhältnis zu der Gattung *Lobivia*. Viele Arten lösen die Rippen in beilförmige, schräg übereinander und zu einem Spiralmuster angeordnete Höcker auf. Davon weichen Formen um *L. famatimensis* mit ihren sehr flachen, höckerigen und meist sehr dicht bedornten Rippen ab.
Im Verwandtschaftskreis von *Rebutia* findet man im wesentlichen die Rippen in Höcker aufgelöst. Bei *Sulcorebutia* sind ausschließlich Höcker vorhanden.
Bei *Parodia* sind z. T. Rippen noch ausgeprägt, so bei *P. maassii* (Heese) Berg., z. T. auch nur mehr als Höcker, die Warzen sind, ausgebildet, wie z. B. bei *P. saintpiana* Backbg.
Eriocactus- und *Notocactus*-Arten sind in der Regel ausgeprägt berippt, teilweise kommen auch Höcker vor.
Gymnocalycium zeichnet sich durch kinnförmig vorspringende Höcker aus. *G. denudatum* (Lk. et O.) Pfeiff. bildet nur 5–7 sehr breite Rippen; die Kinnform ist hier nur angedeutet. *G.-michanovichii*-Formen tragen teils scharfe und kantige Rippen und erhalten einen besonderen Akzent durch dunkler gefärbte Querstreifen.
Eine Vielzahl südamerikanischer Arten, wie z. B. *Islaya, Copiapoa, Neoporteria* u. a. haben deutliche, im einzelnen recht verschieden ausgeformte Rippen. Der Vegetationspunkt befindet sich dicht über der Areole.
Wenigrippig ist die Gattung *Echinocereus,* z. B. *E. cu-*

cumus Werd. mit 4–5 Rippen, *E. caespitosus* Eng. hat 12–18 Rippen, fast ohne Rippen ist z. B. *Echinocereus blanckii* (Pos.) Palm.

Die im Jugendstadium *Echinopsis*-ähnlichen *Melocactus*-Arten haben wie die *Astrophytum*-Arten ausgeprägte Rippen. Sie können scharfkantig sein, wie bei *A. capricorne* (Dietr.) Br. et R. oder abgerundet wie bei *A. asterias* (Zucc.) Lem., bei denen die Areolen auf der abgerundeten Mittellinie der Rippen sitzen. Bei einigen Exemplaren ist die Trennlinie zwischen den Rippen fast kaum noch zu erkennen, so daß sie ganz als Kugeln erscheinen.

Die großen kugeligen *Ferocactus*-Arten entwickeln sich im Alter zu kurzen, mächtigen Säulen. Ihre Rippen sind sehr kräftig und zahlreich. Zwischen bestehenden Rippen werden neue eingezogen, manchmal teilt sich auch eine Rippe in zwei Teile. In beiden Fällen bleibt die regelmäßige Anordnung und der Aufbau des Dornenmusters erhalten. Bei sehr alten und blühfähigen Pflanzen dieser Gattung reihen sich die Areolen wie ein Filzband aneinander. Bei dieser Gruppe beobachtet man auch eine Verschiebung des Vegetationspunktes von den Areolen weg. Bei *F. latispinus* (Haw.) Br. et R. kann man ihn deutlich in einem Dreieck über der Areole wahrnehmen, mit der er noch ganz verbunden ist.

Abweichend ist die Rippenbildung bei der Gattung *Echinofossulocactus*. Die sehr schmalen und kantigen Rippen nehmen einen welligen Verlauf. Dieser kommt dadurch zustande, daß die eine Areolenzeile begleitenden Nachbarrippen um jede der weit auseinander stehenden Areolen einen weiten Bogen machen. Dadurch entsteht um jede Areole eine wallartige, von den Rippen gebildete Umsäumung. Der Vegetationspunkt liegt bei vielen Arten in einer kurzen Spalte oder einer Einsenkung über der Areole.

Gymnocactus, eine Gattung mit sehr hübschen Arten, fällt durch eine Verlängerung der Areolen und Auflösung der Rippen in Höcker auf.

Bei der recht schwierigen Gattung *Obregonia* findet man eine abweichende Ausformung der Höcker. Sie sind von oben abgeflacht und an der Unterseite bauchig bis kielförmig.

Deutliche Höcker bilden auch die Gattungen *Turbinicarpus* und *Navajoa*. Der Spalt ist hier immer eng mit der Areole verbunden, aber nicht immer gut erkennbar.

Es gäbe noch mancherlei Merkwürdigkeiten zu dem Thema dieses Abschnitts zu berichten. Wir wollen unsere Aufmerksamkeit jedoch noch besonders auf die Gattungen *Coryphanta* und *Mammillaria* richten. Beiden gemeinsam ist die Auflösung der Rippen in Höcker oder Warzen in verschiedenen Abwandlungen.

Von *Coryphanta* ist die Gattung *Lepidocoryphanta* abzugliedern. Bei dieser ist der sog. Blühspalt noch sehr kurz und macht noch nicht einmal die Hälfte des Höckers aus. Blüten und Sprosse zeigen sich am Ende des Spalts, wo sich auch der Vegetationspunkt befindet.

Bei den übrigen *Coryphanta*-Arten erstreckt sich dieser Spalt über die ganze Oberseite des Höckers bis zur Achsel, jedoch nur an Areolen ausgewachsener, blühfähiger Pflanzen. Er fehlt demnach bei jungen Pflanzen.

Bei *Mammillaria*, einer unserer größten Gattungen, wird die funktionelle Trennung zwischen der Areole mit Dornenbüscheln und der Achsel mit dem Vegetationspunkt komplett. Auch fehlen ein Spalt oder eine Furche, wie sie vorher noch beschrieben wurden, ganz.

Dagegen werden Areole und Vegetationspunkt nunmehr mit getrennten Gefäßbündeln versorgt. Die Höcker bilden sich in vielerlei Formen aus.

In diesem Zusammenhang sei hier kurz auf die Anordnung der Höcker auf der Pflanze eingegangen. Es muß gleich festgehalten werden, daß es sich dabei nicht um eine Besonderheit von *Mammillaria* handelt. Vielmehr begegnet man diesen Gesetzmäßigkeiten ebenso bei vielen anderen Kakteengattungen, ja auch bei ganz anderen Pflanzenarten oder sogar nur Teilen von Pflanzen, wie z. B. bei einem Kiefernzapfen oder dem Blütenstand einer Artischocke. Wir sehen die Höcker in einer Anzahl von Spiralreihen über den Pflanzenkörper verlaufen, die einmal nach rechts und einmal nach links gewendet sind, d. h. die Höcker ziehen in zwei sich kreuzenden Spiralsystemen über die Pflanze. Der Anteil rechts- bzw. linksläufiger Spiralen ist zwar zahlenmäßig unterschiedlich, steht aber in einem festen Zahlenverhältnis, das so konstant ist, daß man es für die Artbestimmung als Anhaltspunkt verwenden kann. Die Umlaufverhältnisse sind in der nachfolgenden Tabelle zusammengestellt und können sein:

Reihen			Differenz
Links		Rechts	
3	+	5	2
5	+	8	3
8	+	13	5(2+3)
13	+	21	8(3+5)
21	+	34	13(5+8)
34	+	55	21(8+13)

Daraus ergeben sich bestimmte Anordnungsmuster, die im allgemeinen eingehalten werden. Doch bestätigen auch hier Ausnahmen die Regel.

Dornen, Wolle und Borsten

Aus den Areolen entspringen die Dornen, deren Herkunft als rückgebildete Blätter ja bereits besprochen wurde. Bei *Pereskia* leiten sich die krummen Klimmhaare von den Nebenblättern her.

Die Formenvielfalt bei Kakteendornen ist erstaunlich. *Opuntia*-Arten tragen an ihren Dornen sehr häufig Widerhaken, die sich – bei Berührung in die Haut eingedrungen – nur schwer daraus entfernen lassen und schmerzhaft sind. Ähnliches läßt sich von den nur bei Opuntien vorkommenden Glochiden sagen. Es handelt sich um Büschel feiner, mit Widerhaken versehener Borsten, die aus den Areolen herauswachsen und sich sehr leicht von diesen ablösen. Bei Berührung bleiben sie in der Haut stecken und verursachen dort zumindest heftigen Juckreiz. Opuntien gegenüber empfiehlt sich daher eine gewisse Vorsicht im Haus und besonders dort, wo Kinder in Kontakt mit den Pflanzen kommen können.

Die Vielfalt der Dornengestalt ist bei Säulen- und Kugelkakteen reich: Neben starken und langen Dornen, treffen wir nadelfeine, kurze und dicke, gerade wie gebogene, bei vielen sogar hakenförmig gebogene an. Oft sind in demselben Dornenbündel sogar Rand- und Mitteldornen unterschiedlich gestaltet. Dies trifft besonders bei höher entwickelten Gruppen zu. Die Dornen brechen zusammen mit den Areolen aus dem Scheitel hervor, wachsen aus und behalten dann weiter den eingenommenen Platz bei und verändern sich auch zahlenmäßig nicht mehr. Im Gegensatz dazu wachsen bei einer Reihe von *Opuntia*-Arten und besonders bei den primitiven *Cereus*-Arten oft aus den überjährigen Areolen immer wieder neue Dornen nach. Man findet hier dann auch Übergangsformen von Rand- zu Mitteldornen. Oft fehlen solche Übergänge, so daß eine derartige Unterscheidung ganz und gar nicht mehr möglich ist.

Die Gestalt der Areole bestimmt auch weitgehend die Form des Dornenbündels. So haben runde Areolen in der Regel nach allen Seiten ausstrahlende Bündel. Längliche, schmale Areolen wiederum bedingen eine kammförmige oder pektinate Bündelanordnung. Eine Vielzahl von Zwischenformen ist möglich.

Ähnliche Vielfalt gilt für die Beschaffenheit der Dornen, die in vielen Fällen sehr hart und scharf, in anderen, z. B. bei *Leuchtenbergia principis* Hook. 15–20 cm lang und strohartig sein können. Bei *Mammillaria plumosa* Web. erwecken die Daunenfedern ähnlichen Dornen den Eindruck, daß die ganze Pflanze über und über mit kleinen Federn bedeckt ist. Bei *Epithelantha* begegnet man sogar Dornen, die an ihrer Spitze kleine Drüsenhaare tragen. Ebenfalls Drüsenhaare in Form dikker, kurzer Drüsendornen besitzt die bekannte Art *Hamatocactus setispinus* (Eng.) Br. et R., die außerdem als »Normalausstattung« neben hakigen Mitteldornen nadelförmige Randdornen und kurze, dicke Drüsendornen hat. Die Pflanzen scheiden über die Drüsendornen süße Säfte ab, die von Ameisen aufgenommen werden. Der Schönheitswert der Pflanzen kann u. U. erheblich durch schwarze Flecken oder Flächen gemindert werden. Es handelt sich dabei um mehr oder minder große, mit dem zuckerhaltigen Exkret verschmierte Stellen, auf denen sich für die Pflanze zwar unschädliche, aber eben unschöne Rasen von Pilzen (Rußtaupilze) angesiedelt und ausgebreitet haben.

Neben Form und Beschaffenheit sind die oft prachtvollen Farben der Dornen zu erwähnen. Sie vermögen durch die Breite an Kombinationsmöglichkeiten auch nichtblühenden, gut zusammengestellten Sammlungen ein sehr anziehendes Aussehen zu geben.

Ganz junge Dornen sind noch weich und brechen leicht ab. Sie härten jedoch bald aus und sind in der Lage, der Pflanze Schutz zu gewähren. Ganz in der Nähe der Dornen finden wir bei verschiedenen Formen Borsten und »Wollfäden«. Sie entstammen bei höckertragenden Pflanzen sowohl den Areolen, wie den Achseln.

Die meist weißen oder glasartigen, manchmal auch gelb bis bräunlichen Borsten sind spröde und variieren ziemlich in der Länge.

Wollhaare können in großer Massierung vorhanden sein. So sind die im Hochgebirge beheimateten *Espostoa*- und *Oreocereus*-Arten über und über mit Wollhaaren bedeckt und erscheinen oft wie in ein dichtes Wollkleid eingehüllt. Auch die Gattung *Mammillaria* bildet besonders im Scheitel- und Blütenbereich dichte Wollbeläge aus. Die Farbe solcher Wolle ist meist weiß oder grau, bei einigen Arten auch gelb bis bräunlich. Bei *Oreocereus* u. a. wird sie beinahe schwarz. Die physiologische Bedeutung der Wollbeläge ist in der Abschirmung der besonders in Höhenlagen intensiven Lichteinstrahlung zu sehen.

Die Blühweisen

Der Aufbau der Blüten bei Kakteen ist im Grunde nicht kompliziert. Im einfachsten Fall findet man die Blüte unmittelbar an der Spitze der Areole. Bei vielen Arten, die zur gleichen Zeit nur wenige Blüten ausbilden, ist eine strenge Lokalisierung nicht vorhanden. Meist ist aber die Bindung an eine sog. Blühzone erkennbar. Bei vielen *Cereus*-Arten entstehen Blüten auf den vorjährigen Areolen, was nicht ausschließt, daß auch noch ältere Areolen Blüten tragen können.
Rebutia-Arten blühen an der Pflanzenbasis und zwar setzt die Blühfähigkeit auf einer Seite ein, um sich dann langsam um den ganzen Pflanzenkörper herum fortzusetzen.
Viele andere Kugelkakteen bilden rings um den Scheitel einen mehr oder minder deutlichen Kranz von Blüten aus. Viele Arten blühen dabei auf den Vorjahresareolen, andere sind ausschließlich auf diesjährige Areolen beschränkt. Bei *Astrophytum, Parodia, Notocactus* und vielen anderen schieben sich die Areolen mit den Blütenknospen aus dem Scheitel hervor.
Bei der Gattung *Pereskia* entwickeln sich aus den Areolen an einer Verdickung des Blütenstieles unmittelbar unterhalb des Blütenbodens neue blütentragende Stiele. Dieser, Proliferation genannte Vorgang führt zu rispenartigen Blütenständen.
Hier soll nun noch auf Besonderheiten der Blütenbildung eingegangen werden, die bei einer ganzen Reihe von Kakteengattungen vorkommen. Da sind zunächst die Gattung *Espostoa* und ihre Verwandten. Bei ihnen tritt, von einem bestimmten Lebensalter ab, auf einer Seite des Stammes eine Einschnürung in der Länge auf, die bald dicht mit wolligen Haaren und Borsten bedeckt ist. Von diesem Gebilde aus, dem sog. Cephalium, sprießen die Blüten, unter Umständen zu mehreren gleichzeitig. Das Längenwachstum bei Pflanzen mit einem solchen Stammcephalium wird nicht beeinträchtigt und das Cephalium entwickelt sich dabei nach oben weiter. Die Ausformung des Cephaliums ist bei den verschiedenen Gattungen unterschiedlich und reicht von sehr flachen bis zu großen und wuchtigen Gebilden. Einen anderen Cephaliumtyp, das sog. Kopfcephalium findet man bei *Arrojadoa*-Arten, bei denen aus einer Massierung dichter Wolle und langer Borsten die Blüten hervorsprießen. Nach der Blüte durchwächst der Kopf das Cephalium. Im nächsten Jahr bildet sich auf diesem Kopf ein neues Cephalium aus. Aus einem alten Cephalium können durchaus auch mehrere neue Köpfe hervorwachsen. Vergleichbare Verhältnisse liegen bei *Stephanocereus* vor, wo das Cephalium deutlich schwächer entwickelt ist und im Grunde nur mehr den Blütenbereich markiert. Man spricht hier daher von einem Pseudo- oder Scheincephalium.
Mit am anmutigsten ist das Cephalium bei den *Melocactus*-Arten, bei denen die alljährlich erscheinenden Blüten und später die Beeren in einem Kranz um den Kopf des Cephaliums angeordnet sind. Bei dieser Gruppe dürfte auch der schönste Cephaliumtyp ausgebildet werden. Bei Jungpflanzen fehlt das Cephalium noch; sie haben dann viel Ähnlichkeit mit den *Echinopsis*-Arten. Von einem bestimmten Lebensalter ab wird das Längenwachstum eingestellt und gleichzeitig setzt das Wachstum des Cephaliums ein. Die Breitenausladung der Pflanzen wird dann noch wuchtiger. Neue, normale Areolen mit Dornen entstehen nicht mehr. Das Cephalium ist bei den *Melocactus*-Arten eine durchwachsende Achse, die ringsum dicht mit kleinen Areolen besetzt ist, aus denen dichte Massen von Wollhaaren und Borsten in roter oder oranger Farbe hervorquellen. Durch weiteres Wachstum wird das Cephalium säulenförmig. Es kann die drei- bis vierfache Höhe der Pflanze erlangen.

Knospenbildung und Blüte

Es gibt Kakteenarten, bei denen bereits die ein- oder zweijährigen Pflanzen blühen, wie z. B. *Mammillaria zeilmanniana* Böd. Die großen *Cereus*- und Kugelkaktusarten (z. B. *Ferocactus* und *Echinocactus*) wiederum bedürfen bis zur Blüte erst eines vieljährigen Wachstums. In anderen Fällen spielt für die Ausbildung der Blüte auch die geographische Breite eine Rolle. So blüht *Echinocactus grusonii* Hildm. wohl an der Riviera, jedoch nicht in nördlichen Breiten.
Viele Kakteenarten blühen schon zeitig im Frühjahr. Bereits während der Winterruhe oder noch früher setzen sie Knospen an. Bei verschiedenen weißwolligen Mammillarien bilden sich bereits im Herbst dicke Büschel (Pfropfen) von Haaren, zwischen denen sich die Knospenanlagen verbergen. Die ersten werden im Monat Januar sichtbar, auch wenn die Temperatur nicht über 8–12° C geht.
Die allerersten Knospen beobachtet man meist bei *Brasilicactus haselbergii* (Hge.) Backbg. und *Parodia chrysacanthion* (K. Schmn.) Backbg., denen sehr rasch *Echinocereus viridiflorus* var. *davisii* (Hought.) Marsch und *Gymnocalycium bruchii* (Spegg.) Hoss. folgen. In vielen Fällen machen die Knospen bereits bei ihrem Erschei-

nen durch ihre Farbe auf sich aufmerksam. Andere Zeigen sich zunächst als Wollkügelchen. Übrigens sind viele Knospen bedornt oder behaart, wie dies bei *Trichocereus* und *Echinocereus* der Fall ist. Bei *Gymnocalycium* dagegen sind sie völlig kahl.

Die Zeitspanne vom ersten Sichtbarwerden der Knospen bis zum Anfang der Blüte ist unterschiedlich lang bei den einzelnen Arten. Im allgemeinen beträgt sie aber mindestens 4–8 Wochen. Sogar in der Tageszeit, zu der Kakteen blühen, finden wir Unterschiede. Da gibt es eine, allerdings nicht sehr große, Gruppe nachtblühender Kakteen, mit zumeist großen, weißen und z. T. stark duftenden Blüten. Den Großteil der Kakteen machen allerdings die Tagblüher aus. Meist erfreuen diese durch ihre Farbenpracht. Weiße, gelbe und rote Blüten mit allen nur denkbaren Schattierungen und Nuancen kommen vor. Äußerst selten sind rein violette Blüten; rote Blüten zeigen allerdings manchmal einen Stich ins Violette. Blau kommt bei Kakteen gar nicht vor. Dagegen kann man sogar grün blühenden Formen mit Tönung nach gelb oder braun begegnen.

Nicht nur die Vielzahl, sondern auch die Variabilität der Farben machen es verständlich, daß in der Regel Angaben zur Blütenfarbe als Erkennungsmerkmal für die Beschreibung von Arten wenig hilfreich sind. Jeder, der Pflanzen von jung auf bis zur Blütenreife aufgezogen hat, wird dies bestätigen können.

Bereits in einem vorausgehenden Kapitel wurde festgestellt, daß die Kakteen zu den Samenpflanzen mit verwachsenen Blumenblättern, den Sympetalen gehören. Sie bilden eine Blütenröhre, die als ganzes abfällt. Die Blüte sitzt unmittelbar über dem Vegetationspunkt. Ein Blütenstiel fehlt; die Blüte ist also sitzend. Lediglich bei *Pereskia* scheint es, als ob ein Blütenstiel vorhanden wäre. Bei genauem Hinsehen stellt man jedoch fest, daß dieses scheinbare Blütenstielchen Blätter und Areolen trägt und daß auch hier die Blüte ungestielt aufsitzt.

Nach ihrer Gestalt können die Blüten aktinomorph oder zygomorph sein. Als aktinomorph (radiärsymmetrisch) bezeichnet man eine Blüte dann, wenn mehr als zwei gleichwertige Schnitt-(Symmetrie-)ebenen durch die Hauptachse möglich sind. (Bei zwei, senkrecht aufeinander stehenden Schnittebenen spricht man von disymmetrischen oder »bilateralen« Blüten.) Bei den zygomorphen Blüten gibt es dagegen nur eine einzige Schnittebene, die in zwei spiegelbildlich gleiche Blütenhälften teilt. Solche Blüten sind »schief« gebaut.

Die meisten schematischen Darstellungen von Blüten-Pflanzen haben eine gegliederte Blütenhülle: einen meist grün gefärbten, die Blumenkrone mit verschieden vielen und unterschiedlich gebauten Blättchen umhüllenden Kelch und eine meist anders gefärbte Blumenkrone. Einen solchen Kelch finden wir aber weder bei den einfachsten, noch bei den höchst entwickelten Kakteen. In kleinen Blättchen unterhalb der Blüte von *Pereskia* könnte man bei oberflächlicher Betrachtung Kelchblätter vermuten. Tatsächlich handelt es sich dabei aber um reduzierte, aber sonst ganz normale Blätter. Sie können daher nicht als Kelchblätter gewertet werden. Dies ist auch schon daraus ersichtlich, daß sich in ihren Blattachseln Areolen befinden, die bei verschiedenen Arten Blüten liefern und damit eine Art Blütenstand entstehen lassen (Proliferation, S. 23).

Allgemein kann man sagen, daß der Grundaufbau der Kakteenblüte – bei allen Abweichungen im einzelnen – einfach und durchgehend erkennbar ist.

Ein Blick in die Kakteenblüte zeigt nun, daß in einer Blüte sowohl weibliche wie männliche Organe vorhanden sind. Wir finden jeweils einen Stempel und darum herum die Staubgefäße. Blüten dieser Art heißen zweigeschlechtlich (zwittrig). Pflanzen, die in einem Individuum beidgeschlechtlich sind werden als einhäusig (monözisch) bezeichnet.

Um Einzelheiten auch während der Entwicklung zu beobachten, ist es zweckmäßig und empfehlenswert, eine kleine Lupe mit mindestens 3–4facher, noch besser mit 10facher Vergrößerung zu benutzen. Die Betrachtung noch weiterer Feinheiten, z. B. Pollenkörner, Samen usw. erfordert viel stärkere Vergrößerungen und den Einsatz eines Binokulars oder eines Mikroskops.

Der Bau der Blüte

Man kann sich den Bau der Blüte leichter verständlich machen, wenn man eine Blüte der Länge nach durchschneidet. Unten, also über ihrer Anheftungsstelle befindet sich der Blütenboden (Receptaculum). Dieser ist bei *Pereskia* noch breit und in der Mitte etwas aufgewölbt. Über dieser Erhöhung wölbt sich der einfächerige Fruchtknoten, in dessen Zentrum die Samenanlagen über die Nabelstränge mit den Plazenten verbunden sind. Diese Erhebung weist auf die Verwandtschaft zu den Centrospermae hin, die alle annähernd zylinderförmige Samenanlagen und einfächrige Fruchtknoten haben. Diese Verhältnisse sind noch bei *Pereskia aculeata* (Plum.) Mill. erkennbar, jedoch nicht mehr bei den anderen Kakteen. Der Fruchtknoten bleibt einfächerig, der Blütenboden wird eingesenkt und die Staubgefäße rücken an die Wand der Blütenhülle.

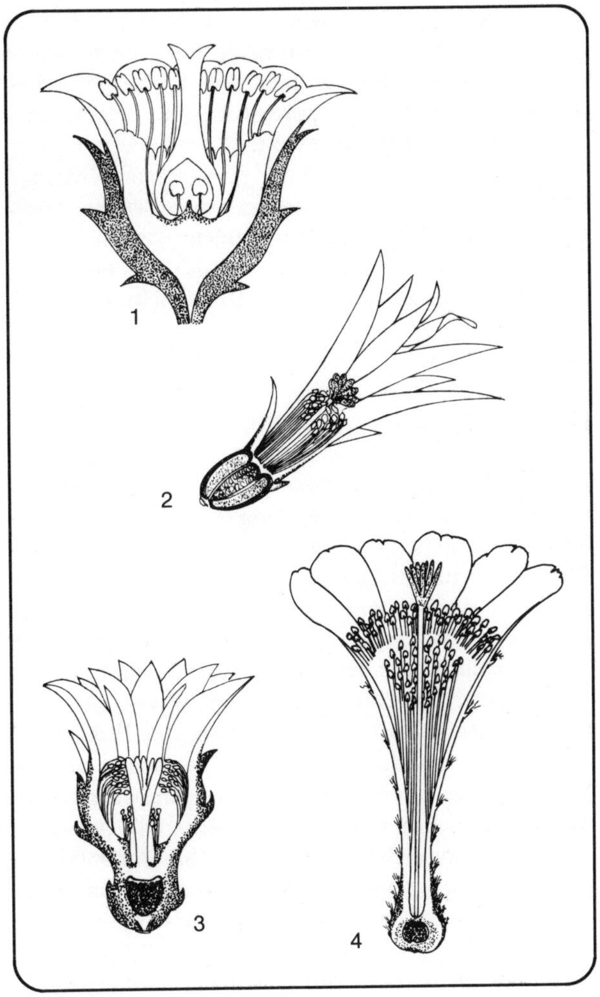

Längsschnitte durch Blüten von
1 *Pereskia spec.* (1×)
2 *Rhipsalidopsis gaertneri* (Reg.) Moran. (1/2×)
3 *Gymnocalycium spec.* (1/2×)
4 *Echinopsis spec.* (1/4×)

Über den von oben abgeschlossenen Fruchtknoten erhebt sich der Stempel. Bei einigen Arten entsteht über dem Fruchtknoten durch Verengung der Blütenhülle oder durch einen Haarring noch ein zweiter, mehr oder weniger deutlich abgeschlossener Hohlraum, die sog. Nektarkammer. Wo sie vorhanden ist sitzen die Staubgefäße unmittelbar darüber. Bei *Echinopsis* formt sich über dem Fruchtknoten eine lange Blütenröhre, an der die Blütenblätter sitzen, die wir zusammen auch den Saum nennen.

Die Blütenröhre kann ganz kahl, aber auch dicht behaart oder mit Haaren und kleinen Dornen besetzt sein. Die Gattung *Gymnocalycium* ist nur scheinbar im Besitz einer Blütenröhre. Die Oberkante des sehr langen und schmalen Fruchtknotens schneidet nämlich bei einer Reihe von Arten etwa mit dem Ansatz des Blütensaumes ab. Auch eine Anzahl anderer Gattungen wie z. B. *Mammillaria* und *Coryphantha* bilden kaum eine Blütenröhre aus.

Bei weitaus den meisten Kakteen mit größeren Blüten ziehen sich um die Blütenröhren in spiraliger Anordnung nach Zahl und Form stark variierende schuppenartige Blättchen. Sie werden nach oben immer größer, um schließlich in die äußersten Blütenblätter überzugehen. Diese setzen sich ihrerseits wieder in den innersten Blütenblättern fort.

Ebenso verhält es sich mit den Blumenhüllblättern. Bei *Pereskia* und *Opuntia* sind es nur wenige, die sich auch nach Form und Farbe alle etwa gleichen. Bei *Selenicereus* ist ihre Zahl groß. Die inneren Blütenblätter unterscheiden sich durch ihre weiße Farbe von den gelbbraunen und schmalen äußersten. Obgleich man hier Anhaltspunkte für eine Unterscheidung in äußere und innere Blütenblätter hätte, müssen wir doch alle als Blütenhüllblätter werten.

Üblicherweise gliedert man (die sterilen Teile) einer Blüte in Kronblätter (Petalen) und in Kelchblätter (Sepalen). Beide zusammen bilden die Blütenhülle (Perianth). Im allgemeinen sind bei den Kakteen, wie wir bereits gehört haben, Kelch und Krone nicht deutlich voneinander geschieden, sondern gehen ineinander über. Die äußersten Blütenblätter lassen sich demnach nicht als Kelchblätter oder Sepalen ansprechen und ebensowenig kann man die innersten als Kronblätter oder Petalen bezeichnen. Man benutzt in solchen Fällen, wenn im Perianth die Sepalen und Petalen nicht ausreichend differenziert sind, für die Einzelteile der Blütenhülle den Begriff Tepalen (in ihrer Gesamtheit das Perigon).

Opuntia-Blüten zeigen eine auffallende Einschnürung zwischen dem Fruchtknoten und der Blüte. Kurz nach Abblühen fällt bei den meisten die Blüte als Ganzes vom Fruchtknoten ab, bei anderen bleiben die vertrockneten Blütenblätter auf der Frucht. Eine Einschnürung eben beschriebener Art bildet sich auch bei langröhrigen *Cereus*-Arten, etwa 1 Woche nach Bestäubung, wenn die Blüte abtrocknet. Sie fällt an dieser Stelle ab. Die Staubblätter sitzen teils im unteren Abschnitt der Blüte, teils auf der Innenseite der Blütenröhre. Ihre Anzahl variiert stark. Sie tragen an einem stielartigen

Teil, dem Filament, die Anthere. Diese besteht aus zwei über ein Mittelband, das sog. Konnektiv, verbundenen Theken. In jeder Theka sind zwei Pollensäcke enthalten, in denen die männlichen Zellen, die Pollenkörner entstehen. In ihrer Gesamtheit werden sie als Pollen oder Blütenstaub bezeichnet. Durch Bersten der Wände des Pollensacks kommen sie frei.
Inmitten der Blüte ist der Stempel, eine Einheit, die aus den Teilen Fruchtknoten, Griffel und Narbe(n) besteht, plaziert. Der Fruchtknoten geht nach oben in den meist dünneren Griffel über, der an seinem Oberende zwei oder mehrere Narben als Auffangorgane für die Pollenkörner trägt. Größe und Farbe der Griffel sind bei den einzelnen Gruppen verschieden. Sie können kurz sein (*Opuntia, Pereskia*); bei großen gestreckten Blütenröhren sind sie aber oft auch sehr lang, während bei *Mammillaria* beide Typen vorkommen. Auch die in Zwei- oder oft in Mehrzahl vorhandenen Narben sind bei den einzelnen Gruppen unterschiedlich nach Größe, Farbe (gelb, rot, grün, weiß) und Form (gespalten, federartig). Das von ihnen abgeschiedene Sekret wird in Geweben produziert, die sich über die ganze Narbe erstrecken oder nur auf deren Innenkante beschränkt sein können. Sie werden erst in reifen, sich öffnenden Narben tätig.
Viele Kakteenblüten werden in ihrer Heimat von Insekten, andere von Kolibris aufgesucht. Im allgemeinen werden die großen, napf-, glocken- oder trichterförmigen, nicht so sehr von Dornen umringten Blüten überwiegend von Insekten besucht, während die röhrenförmigen, kleinrandigen, wie wir sie z. B. bei *Cleistocactus*-Arten finden, vornehmlich den Kolibris vorbehalten sind.
Mit dem Blütenbesuch durch Tiere ist in der Regel die Bestäubung verbunden. Wegen ihrer besonderen Eignung für Insekten bzw. für Kolibris spricht man auch von Insekten- bzw. Vogelblüten.
Die Insekten fliegen die Blüten an und landen auf ihnen, wobei die u. U. weit ausladenden Blütenhüllblätter eine wesentliche Landehilfe darstellen. Auf ihrer Suche nach Nektar und Blütenstaub dringen die Insekten tief in die Blüten ein und kommen damit in engere Berührung mit den reifen Pollen, der an ihnen haften bleibt. Dick bepudert mit Blütenstaub streben sie der nächsten Blüte zu. Dort wiederholt sich derselbe Vorgang und gleichzeitig wird auf dem Weg ins Innere der Blüte Blütenstaub auf den klebrigen Narben abgestreift, also die Blüte bestäubt und damit der Befruchtungsvorgang vorbereitet.
Kolibris landen nicht auf der Blüte, sondern bleiben im Schwirrflug vor ihr in der Luft stehen. Sie senken ihren langen, gebogenen Schnabel in die Blütenröhre, um Nektar und Blütenstaub zu entnehmen. Dabei bleibt genügend Blütenstaub am Schnabel der Vögel haften, um beim Naschen an der nächsten Blüte Pollenkörner auf der Narbe zu hinterlassen und die Blüte zu bestäuben. Dies ist ein Beispiel für enge Anpassung zwischen Pflanze und Tier: der lange gebogene Schnabel paßt genau in die gebogene, fast wagerecht von der Pflanze abstehende Blütenröhre; der Vogel benötigt keine Landehilfe, folglich fehlen große Blütenblätter in diesen Fällen.

Die Befruchtung

Die Übertragung des Pollens von den Pollensäcken auf die Narben und seine Plazierung dort wird als Bestäubung bezeichnet. Das Pollenkorn ist von der Pollenkornwand umgeben, die aus zwei komplexen Schichten aufgebaut ist. Die innere dieser Schichten umschließt das Zellplasma. Die mächtige, je nach Pflanzengruppe unterschiedlich gestaltete, derbe äußere Schicht ist mit vorgebildeten Durchtrittsstellen bzw. Poren versehen. In der jungen Pollenzelle befindet sich, vom Plasma eingeschlossen, zunächst ein Kern, der bei entsprechender Vergrößerung im Mikroskop evtl. sichtbar gemacht werden kann. Zur Reifung des Pollens teilt sie sich in zwei recht ungleiche Zellen: die sehr große Pollenschlauchzelle (vegetative Zelle), die fast den ganzen Innenraum des Pollenkorns einnimmt und in die kleine generative Zelle.
Wenn ein solches Pollenkorn auf eine Narbe gelangt ist und die Bestäubung stattgefunden hat, kann das Pollenkorn auskeimen. Dabei ist auch die klebrige Narbenflüssigkeit nicht ohne Bedeutung. Bei der Keimung stülpt sich die zarte innere Schicht des Pollenkorns papillenförmig durch eine der erwähnten Durchtrittsstellen vor, um dann im weiteren Verlauf zu einem feinen, schlauchförmigen Gebilde, dem Pollenschlauch zu werden. Dieser wächst zunächst durch das Narbengewebe nach unten, gelangt während des weiteren Wachstumsverlaufs durch den Griffel hindurch zum Fruchtknoten und dringt dort schließlich in die Mikropyle einer der Samenanlagen ein. Nun teilt sich die generative Zelle in zwei neue Zellen, die sog. Spermazellen, die später über den Pollenschlauch weitergeleitet, ihre Rolle in dem Befruchtungsvorgang spielen werden.
Mit dem Vordringen des Pollenschlauches von der Narbe zur Samenanlage ist also die Befruchtung eingeleitet. Um diesen Vorgang ganz überschauen zu kön-

nen, ist es notwendig nun auch noch kurz auf die Samenanlage und ihren Weg zur Befruchtungsreife einzugehen.
Im Inneren des Fruchtknotens befinden sich die Samenanlagen. Bei den Kakteen sind es meist mehrere. Sie gehen aus dem Bildungsgewebe der Fruchtblätter, den sog. Plazenten, hervor. Zwischen Plazenta und Samenanlage schiebt sich als Stielzone der Funiculus (Nabelstrang). Das Innere der Samenanlage bildet ein fester Gewebekern, der Nucellus. Er ist von einer oder zwei Hüllen (Integumenten) umgeben, die von der Basis der Samenanlage ihren Ausgang nehmen. Auf der gegenüberliegenden Seite schließen sie nicht zusammen, sondern lassen eine kleine Stelle, die schon mehrfach angesprochene Mikropyle offen.
Im Nucellus entsteht nach vorausgegangenen Teilungsschritten die Embryosackzelle (einkerniger Embryosack). Sie vergrößert sich und aus ihrem Kern entstehen in drei Teilungsschritten 8 neue Kerne. Je 3 von ihnen setzen sich als selbständige Zellen im unteren (Antipoden), bzw. im oberen Teil des Embryosacks (Eiapparat) fest. Die größte Zelle des Eiapparats wird zur Eizelle, die beiden anderen zu Hilfszellen (Synergiden). Die beiden restlichen Kerne (Polkerne) verschmelzen miteinander (sekundärer Embryosackkern).
Innerhalb der somit befruchtungsfähig gewordenen Samenanlage dringt der Pollenschlauch bis zum Eiapparat vor und entläßt die beiden Spermazellen. Einer der beiden Kerne verschmilzt mit der Eizelle zur Zygote, der andere mit dem sekundären Embryosackkern zum Endospermkern, der Ausgangspunkt für das bereits besprochene Nährgewebe (Endosperm) wird. Aus der befruchteten Eizelle entwickelt sich der Embryo. Es liegt also eine doppelte Befruchtung vor.
Bald nach stattgefundener Befruchtung welken und trocknen Stempel, Staubblätter und Blütenblätter.

Die Früchte

Nach vollzogener Befruchtung wächst der Fruchtknoten, wandelt sich zur Frucht um und erreicht schließlich seine volle Reife. Bei einigen Arten sind bereits nach 1–2 Monaten die Früchte reif, andere, wie z. B. eine Reihe Mammillarien bringen die Frucht erst nach Winterruhe zur Reife. Dann können an einer Pflanze Blüten und Früchte gleichzeitig vorhanden sein.
Die meisten Kakteenfrüchte sind Beeren. Vielfach werden die Fruchtgewebe schon sehr bald spröde und trokken, so daß ihr Beerencharakter oft nur schwer erkennbar ist. Häufig ist auch eine sehr dicke Beerenhaut vorhanden, die nicht selten von Schuppen mit kleinen Areolen, Haaren und Dornen bedeckt ist. Reife Früchte sind mit allen Übergängen von grün bis rot gefärbt. Bei vielen *Opuntia*-Arten ist das schmackhafte Fruchtfleisch eßbar.
Die Samen können von Samensträngen und Geweben umschlossen sein, wie z. B. bei *Cereus, Echinopsis, Lobivia* u. a. Bei anderen Gruppen liegen sie nach Abbau von Gewebepartien lose im Innenraum, wie z. B. bei *Parodia* und *Notocactus. Mammillaria*-Arten und verwandte Gruppen bilden kugelige bis länglich zylinderförmige Beeren aus, die erst nach der Samenreifung in wenigen Tagen unter Umständen sogar in einigen Stunden heranwachsen. An ihrer Spitze tragen sie oft noch Blütenreste. Die Samen, die vor ihrer Reife noch dicht zusammen lagen, rücken nunmehr auseinander und verteilen sich über die ganze Frucht, durch deren glatte Haut sie bisweilen hindurch scheinen.
Kakteensamen werden häufig durch Tiere, die die Früchte verzehren, verbreitet.

Stoffwechsel und Photosynthese

Auf unserer Erde ist Pflanzenleben ohne Menschen und Tiere recht wohl denkbar. Umgekehrt könnten weder Mensch noch Tier unmöglich ohne das Vorhandensein von Pflanzen leben. Der Grund dafür liegt in der besonderen, Mensch und Tier fehlenden, Befähigung der grünen Pflanze, aus einfachen, energetisch wertlosen anorganischen Stoffen, organische Substanzen aufzubauen. Aus der Unfähigkeit von Mensch und Tier dazu folgt die völlige Abhängigkeit beider von der Pflanze. Pflanzenverzehrende Lebewesen nützen die Pflanze direkt als Nahrungsquelle, fleischverzehrende tun dies auf dem Umweg über Pflanzenverzehrer. Wir können die Pflanzen daher zu Recht als Produzenten, Mensch und Tier demgegenüber aber als Konsumenten betrachten.
Eigentlich ist nur eine kleine Zahl von Elementen für die Synthesearbeit der grünen Pflanze grundsätzlich wichtig. Dies sind besonders Kohlenstoff, Sauerstoff, Wasserstoff, Stickstoff, Schwefel, Phosphor, Kalzium, Kalium, Magnesium und Eisen. Sie liegen in der besonders durch Regen, in begrenztem Umfang aber auch durch herabtropfenden Tau, immer wieder ergänzten Bodenfeuchtigkeit gelöst vor. Aus dieser werden sie von den Pflanzen aufgenommen. Als einziger wird Kohlenstoff in Form von Kohlendioxid (CO_2) aus der Luft aufgenommen. Mangel oder Fehlen eines dieser Stoffe

hat unter Umständen schwere bis schwerste Schäden für die Pflanze zur Folge.
Die Umsetzung der energiearmen anorganischen Ausgangsstoffe in energiereiche organische Substanz findet in dem Vorgang der Photosynthese statt. Sie ist in der Größe ihres Stoffumsatzes einer der gewaltigsten und grandiosesten Prozesse auf dieser Erde. Wegen der Bedeutung des eingestrahlten Sonnenlichts als Energiequelle trägt sie diesen Namen zu Recht. Sonnenlicht, Kohlendioxid (CO_2), Wasser und der grüne Farbstoff der Pflanzen, das Chlorophyll, sind die tragenden Komponenten der Photosynthese. Licht und CO_2 werden über das Blatt aufgenommen. Die Rolle des Chlorophylls besteht darin, die eingestrahlte Energie aufzufangen und zu leiten. Entsprechend dieser Aufgabe ist es vorwiegend in Zellen an der Oberfläche der Pflanze angereichert und dort entlang der Zelloberfläche angeordnet. Ihm fällt damit ein sehr wichtiger Part bei der Umwandlung von Lichtenergie in chemische Energie zu. Das Produkt der Photosynthese ist Zucker, ein Kohlenhydrat, das – je nach Bedarfslage der Pflanze – sofort in die Reservesubstanz Stärke umgewandelt werden kann. Er steht der Pflanze außerdem als Gerüstsubstanz für viele Verbindungen, die sie ebenfalls selbst aufbaut, zur Verfügung. Mit Eiweiß, Fetten, Ölen, Glykosiden (z. B. Strophantin, Digitalisglykosid, Farbstoffe), Gerbstoffen, Alkaloiden (z. B. Morphin, Kokain, Chinin, Coffein) sind nur einige aus einer langen Reihe von Stoffen genannt, die Pflanzen auf der Basis von Kohlenhydratgerüsten selbst herstellen.
Der Gehalt unserer Luft an CO_2 ist nicht sehr hoch, jedoch ausreichend. Er ergänzt sich einmal ständig aus dem Leben selbst, da alle Atmungsvorgänge bei Mensch, Tier und Pflanze mit der Produktion und Abgabe von CO_2 an die Luft verbunden sind. Zum anderen sind Vulkane, Industrie- und Hausbrand nicht zu vernachlässigende CO_2-Quellen. Im Naturhaushalt gleichen sich Verbrauch und Angebot annähernd aus.
In der Photosynthese wird ebensoviel Sauerstoff von der Pflanze freigesetzt und an die Umgebung abgegeben, wie von ihr an CO_2 der Luft entnommen und verbraucht wird. Werden also z. B. 6 Moleküle CO_2 in der Pflanze verarbeitet, so liefert sie auch 6 Moleküle Sauerstoff in die Umgebungsluft ab. Allein hierdurch wird die ungeheure Bedeutung der Vegetation für unser Leben ersichtlich und die Forderung verständlich, stärkere Eingriffe in die Pflanzendecke unserer Erde zu vermeiden, bzw. zu unterlassen oder z. B. Industrie- und Ballungsgebiete besonders intensiv mit Pflanzenbewuchs zu durchsetzen.
Das aufgezeigte Beziehungsgefüge kann nur funktionieren, solange die Pflanze photosynthetisch tätig ist. In dieser Phase, d. h. unter normalen Tagesbedingungen laufen bei der Pflanze Atmung, also stoffabbauende, und Photosynthese, also aufbauende und Energie einbindende Prozesse mit positiver Energiebilanz gleichzeitig und nebeneinander ab. Bei Dunkelheit, bei Wassermangel oder unter dem Einfluß einiger anderer Faktoren stellt die Pflanze ihre Synthesetätigkeit ein. Wie bei Mensch und Tier bleibt dann auch bei ihr nur noch der Atmungsvorgang.
Von den anorganischen Stoffen, die die Pflanze benötigt wird nur der Kohlenstoff in Form der Kohlensäure über das Blatt aufgenommen. Alle anderen finden den Weg in die Pflanze über die Wurzel, von der sie aus der schwach konzentrierten Bodenlösung aufgenommen werden. Als Trägerflüssigkeit fungiert Wasser, das wiederum aus Niederschlägen stammt. Nur ein Teil der Niederschlagsflüssigkeit ist auch für die Pflanze verfügbar. Wasser und Nährstoffe werden zusammen in der Pflanze transportiert.
Kakteen besitzen im allgemeinen weder Stengel noch Blätter; sie verholzen auch nicht und haben in ihrem Innenbereich zarte Gewebe, die nach außen durch die Oberhaut abgeschlossen sind. Unmittelbar unter dieser befinden sich die Chlorophyll führenden Zellen. In der Oberhaut selbst sind die Spaltöffnungen, die den Gaswechsel und die Abgabe von Wasserdampf aus der Pflanze regeln. Bei Blätter tragenden Pflanzen sind diese Spaltöffnungen in der Regel auf der Unterseite der Blätter lokalisiert. Bei Kakteen sind sie als Folge des Fehlens von Blättern unmittelbar der Pflanzenoberfläche eingefügt. Mitunter kann das Chlorophyll teilweise fehlen. Dadurch kommt es zu einer Scheckung der Pflanze, die man auch bei Kakteen beobachten kann. Solchen Farbmarmorierungen kann man bei *Cereus-* und *Opuntia*-Arten begegnen. Bei Sämlingen kann sogar ein völliger Mangel an Chlorophyll vorhanden sein. In der Natur sind solche Pflanzen selbstverständlich wegen ihrer Unfähigkeit zu ausreichender Stoffwechseltätigkeit verloren. In Kultur lassen sich solche Sämlinge aber dadurch erhalten, daß sie auf gesunde, grüne Unterlagen gepfropft werden. Diese versorgen sie mit den lebensnotwendigen Stoffen und erlauben sogar ein befriedigendes Wachstum.
Außer der Weiß- bzw. Gelbfärbung des überwiegenden Teils von Pflanzen mit Chlorophyll-Defekten gibt es noch verschiedene andere Ausfärbungen. So sind Vertreter von *Gymnocalycium michanovichii* öfters rosa, rot oder orange gefärbt. Solche Pflanzen besitzen rote

Farbstoffe, die bei Fehlen des Blattgrüns natürlich in den Vordergrund treten. Es gibt aber auch Pflanzen, die über rote Farbstoffe und daneben über einen ganz normalen Chlorophyllbestand verfügen. Bei ihnen treten dann oft sehr prächtige dunkel-braunrote oder violettbraune Tönungen auf. Gerade bei vielen südamerikanischen Arten begegnet man solchen von Liebhabern natürlich bevorzugten Typen.

Mimikry und Konvergenz

Wenn bestimmte Kakteen untereinander eine so verblüffende äußere Ähnlichkeit aufweisen, daß diese äußere Parallele sogar in die botanische Bezeichnung eingeht, wie z. B. bei *Zygocactus opuntioides* Löfgr. (mit *Opuntia*-Arten) oder *Lobivia rebutioides* Backbg. (mit *Rebutia*), so ist das zwar nicht alltäglich, aus einer gewissen verwandtschaftlichen Beziehung heraus jedoch durchaus verständlich.
Sehr viel erstaunlicher ist es, wenn systematisch weit voneinander stehende und geographisch in ganz anderen Erdteilen lebende Pflanzengruppen äußerlich völlig übereinstimmende Gestalten entwickeln. Kakteen sind Sukkulenten mit kugel-, säulen- oder stammförmigem Körper. Ihre natürlichen Aufwuchsgebiete sind Nord- und Süd-Amerika mit den benachbarten Inseln. Nun gibt es in Afrika und den angrenzenden Gebieten ebenfalls säulen- und kugelförmige Sukkulenten, die den Kakteen oft in erstaunlicher Weise gleichen, aber einer ganz anderen systematischen Gruppe, nämlich der Familie der Wolfsmilchgewächse (*Euphorbiaceae*) angehören. Diese bevölkern die afrikanischen Trockengebiete, jene die Trockenzonen Amerikas. Natürliches Vorkommen von Kakteen gibt es nicht in Afrika, ebensowenig wie sukkulente Euphorbiaceen in Amerika von Natur aus heimisch sind. Die Bedingungen und Verhältnisse in den beiden geographisch weit auseinander liegenden Gebieten mit Trockenklima haben bei den beiden systematisch nicht nahestehenden Gruppen (*Cactaceae – Euphorbiaceae*) die gleichen Gestaltungsmerkmale, nämlich die sukkulente Kaktusgestalt, hervorgebracht.
Solche morphologischen Parallelbildungen bei nicht verwandten Gruppen bezeichnet man als Konvergenzen. Die äußeren Übereinstimmungen können dabei so stark sein, daß in einer Reihe von Fällen die richtige Einordnung auf Anhieb Schwierigkeiten bereiten kann. Dies drückt sich auch in einigen Namen aus. So ist die Bezeichnung von *Rooksbya euphorbioides* (Haw.) Backbg. ein Hinweis auf die Ähnlichkeit mit *Euphorbia*, wie umgekehrt *Euphorbia pseudocactus* den überwiegenden Kaktuscharakter dieser Art hervorhebt. Äußerlich sehr ähnlich und ohne Blüte kaum zu unterscheiden sind *Astrophytum asterias* (Zucc.) Lem. und *Euphorbia obesa* Hook.
Bei aller Ähnlichkeit ist aber festzuhalten, daß Kakteen Areolen besitzen, Euphorbien jedoch nicht und daß die Blüten bei Kakteen- und Euphorbiengewächsen sehr unterschiedlich gebaut sind. Der Fruchtknoten der Euphorbien ist dreifächerig, wobei jedes Fach nur eine Samenanlage enthält.
Am Rande sei hier auf eine Konvergenzerscheinung hingewiesen, die sich der eine oder andere leicht selbst vor Augen führen kann: In den Wattengebieten der Nordsee ist der Queller (*Salicornia europaea*) eine Stammsukkulente aus der Familie der Gänsefußgewächse (*Chenopodiaceae*) verbreitet. Die äußerlichen Übereinstimmungen mit *Hatiora salicornioides* (Haw.) Br. et R. waren denn auch maßgebend bei der Namengebung für diese Kakteenart.

Die Kultur

Allgemeines

Pflanzsubstrat

Im Laufe der Jahre wurde viel über das günstigste Pflanzsubstrat für die Kakteenkultur geschrieben. Für normales Funktionieren und gutes Wachstum stellen auch Kakteen unterschiedliche Ansprüche an ihre Pflanzerde. Es ist indes unmöglich, für jede Kakteenart die genaue Zusammensetzung der Erde anzugeben, um zu guten Resultaten zu kommen. Das ist letzten Endes auch gar nicht so notwendig, da Kakteen im allgemeinen sehr anpassungsfähige Pflanzen sind. Es ist schon ein großer Schritt vorwärts, wenn man die Erde kalkfrei hält, da die meisten Kakteen kalkfliehend sind. Daher ist es geradezu eine der Hauptbedingungen, den Säuregrad der Erde festzustellen (z. B. mit Hilfe von Indikatorpapier, erhältlich in Drogerien).

Der Säuregrad wird in Zahlen (von 1–14) ausgedrückt. Die Buchstaben pH, bezeichnen den Wasserstoffionenexponent und sind ein von Sörensen eingeführtes Symbol zur Angabe des Säuregrades einer Lösung. Er wird als negativer Logarithmus der Wasserstoffionen-Konzentration definiert. Der pH-Wert von reinem Wasser ist 7; bei sauren Lösungen liegt er unter 7, bei basischen (kalkhaltigen) Lösungen über 7. Weitaus die meisten Kakteen gedeihen vorzüglich bei einem pH-Wert von $5^1/_2$–7. Sehr viel weniger können noch bei einem pH-Wert von $7^1/_2$–$8^1/_2$ wachsen. Die meisten handelsüblichen Kultursubstrate haben einen pH-Wert von $5^1/_2$–6, der für Kakteen sehr geeignet ist.

Es hat wenig Sinn, den Leser jetzt mit allerlei Formeln und Rezepten zur Pflanzerde zu ermüden. In jedem Gartencenter kann man heute gute Erde kaufen, die in Plastikbeutel von 20 oder 40 Liter abgepackt ist. Diese Erde wird in Spezialbetrieben gemischt und aufbereitet und unterliegt häufig der Kontrolle einschlägiger Institutionen, worauf dann Beutelaufdrucke hinweisen. Der Torfanteil schwankt bei den einzelnen Herstellern. Bei zu hoher Torfmenge kann die Topferde, vor allem im Winter, stark austrocknen und im Frühjahr fast kein Wasser aufnehmen. Es ist daher ratsam, sich Topferde mit wenig Torf zu beschaffen. In den meisten Fällen können wir auch sauberen scharfen Sand im Verhältnis von 4 Teilen Boden zu 1 Teil Sand beigeben. Vor dem Gebrauch muß alles gut durchgemischt werden. Großen und kräftig bewurzelten Pflanzen können wir auch Kieselsteine von 3–6 mm Durchmesser zufügen. Auf einen Beutel von 40 Liter Erde kommt $^1/_2$ Eimer Kieselsteine. An ihrer Stelle können auch die gleiche Menge Blähton-Körner von 3–6 mm Durchmesser beigefügt werden. Diese Körner bestehen aus hartgebranntem Ton. Weil Blähton-Körner 20–25% ihres Gewichts an Feuchtigkeit aufnehmen können, müssen sie erst etwas trocknen, bevor sie mit dem Boden vermengt werden. Die Körner halten die Feuchtigkeit lange, was den Pflanzen sehr zugute kommt. Bei diesem Gemenge kann etwas seltener gegossen werden, ohne daß die notwendige Aufmerksamkeit leidet. Die Hauptsache ist, daß der Boden gefestigt wird, ohne sein Porenvolumen zu verringern. Für Pflanzen mit Pfahlwurzeln ist es angebracht, etwas alte, verwitterte Flußerde beizufügen. Lehm kommt wegen des hohen Kalkgehalts nicht in Frage.

Von einigen Betrieben wird ganz spezielle Erde für Kakteen in den Handel gebracht, die meist in kleineren Mengen abgepackt ist. Ich konnte jedoch keinen Unterschied in Wachstum und Blüte feststellen zwischen Pflanzen aus gewöhnlicher oder sog. Kakteenerde. Obendrein sind die kleinen Packungen auch verhältnismäßig teuer.

Zum Mischen mit Sand kann nur scharfer Sand verwendet werden. Er wird aus großen Flüssen gebaggert und man muß damit rechnen, daß er stark durch chemischen Abfall verunreinigt ist. Schon ganz geringe Konzentrationen dieser Abfallstoffe reichen aus, um ein Pflanzenleben zu vernichten. Es ist daher sehr wichtig den Sand vor dem Beimischen gut zu waschen und oft mit Wasser nachzuspülen. Vor dem Gebrauch muß er jedoch wieder trocken sein, damit er sich gut mit der Topferde vermischt.

Hilfsmittel und Gefäße

Töpfe

Im allgemeinen lassen sich die Kakteen gut in Töpfen ziehen. Früher benutzte man dazu gebrannte rote Tontöpfe, die mehr oder weniger porös sind. Manche der Tonarten, die für die Herstellung der Töpfe verwendet werden, enthalten viel Kalk. Er hält sich in der Topfwand und gelangt von dieser aus mit dem Wasser in das Substrat. Die Reaktion der Topferde kann sich dann rasch von der sauren zur basischen Seite verändern, was die Kakteen wiederum in ihrem Wachstum merkbar behindern kann.

Tontöpfe müssen also vorher einige Tage im Wasser liegen, dem etwas Torfmull beigefügt wurde. Durch seinen Gehalt an Säuren kann er den Kalk neutralisieren. Das Wasser muß einige Male erneuert werden.

Ein Nachteil der Tontöpfe ist, daß sie sehr schnell das Gießwasser aus der Topferde aufsaugen. Daher muß öfter gegossen werden und dadurch wiederum werden der Pflanze allerlei Stoffe zugeführt, die sie nicht brauchen kann, u. a. Kalk und bestimmte Salze. Diese Stoffe kristallisieren an der Außenseite des Topfes aus und verunzieren ihn. Außerdem wird durch die schnelle Verdunstung an der Außenseite des Topfes die Temperatur der Topferde um einige Grade herabgesetzt, was den Kakteen leicht schaden kann. Dazu kommt, daß alle Wurzeln sich an die Topfwand legen, weil dort die meiste Feuchtigkeit ist, während der Topfballen wurzelfrei bleibt. Beim Umtopfen reißen dann unweigerlich die feinen Würzelchen und Wurzelhaare, die sich eng der rauhen und porösen Topfwand angeschmiegt haben, ab. Die Pflanze benötigt dann lange Zeit, um neue Wurzelteile zu bilden und wieder in Gang zu kommen.

Versetzen wir die in Tontöpfen stehenden Pflanzen mit Topf in einen Kasten mit Torfmull, dann sind die genannten Nachteile viel geringer.

Heute werden allgemein nur noch Plastiktöpfe verwendet, die gegenüber den Tontöpfen viele Vorteile aufweisen.

Zu empfehlen sind schwarze Plastiktöpfe; die farbigen oder durchsichtigen sind weniger geeignet und obendrein auch noch häßlich. Schließlich soll ja nicht der Topf, sondern die Pflanze auffallen.

Schwarz hat den Vorteil, daß schneller Wärme an den Topfballen abgegeben wird. Da der Topf nicht porös ist, bleibt das Gießwasser länger im Ballen und verdunstet langsamer. Wir brauchen also weniger zu gießen und schalten so weitgehend schädliche Stoffe aus. Weil die Feuchtigkeit nicht von der Topfwand angesogen wird, können die Wurzeln sich über den ganzen Topfballen verteilen. Durch die glatte Innenwand des Plastiktopfes erleiden die anliegenden Wurzeln beim Umtopfen keinerlei Schaden.

Die Größenangaben für Töpfe ergeben sich aus dem Durchmesser des oberen Topfrandes; Topf Nr. 7½ hat also einen Durchmesser von 7½ cm.

Kästen

Zum Pikieren und Aussäen werden oft Kästen aus verschiedenem Material benutzt, wie Eternit, Hartplastik oder Styropor. Holzkästen sind kaum noch in Gebrauch. Am handlichsten sind Kästen im Format 40 × 60 cm, mit einer Höhe von 7–8 cm. Für Aussaaten, die Unterwärme brauchen, dürfen keine Styroporkästen verwendet werden. Sie isolieren stark und verhindern somit die Wärmezufuhr.

Sollten Kästen keine Abflußlöcher für Wasser haben, können sie in Eternit mit einem Steinbohrer gemacht werden. In Plastikkästen wird man mit einem heißen Eisenstab (alter Schraubenzieher) die Löcher aufschmelzen; 6–8 je Kasten sind ausreichend.

Geräte

Die notwendigen Geräte für unsere Beschäftigung mit den Kakteen sind:

- ein Schäufelchen für kleinere Erdmengen und kleinere Arbeiten
- eine große, normale Schaufel für größere Arbeiten
- ein schmales, scharfes Messer zum Schneiden von Stecklingen und Abschneiden unerwünschter Ableger an Pfropfstämmen
- ein breites, rostfreies Messer zum Pfropfen
- eine kleine Bürste zum Beseitigen von Kalkbelägen an Wurzelhals und Unterlagen
- eine Schere
- kleine Styroporstückchen in verschiedener Größe und Stärke (praktisch zum Umtopfen)
- einen weichen, nicht zu großen Pinsel zum Säubern der Pflanzen nach dem Umtopfen
- eine Lupe oder ein Vergrößerungsglas mit 3–8facher Vergrößerung
- eine große und eine kleine Pinzette
- weiße mattierte Plastik-Etiketten von 8–10 cm Länge und 1,5 cm Breite
- Pflanzstöckchen in verschiedenen Größen von 30–40 cm
- Bindegarn und -draht
- ein Thermometer
- eine große und eine kleine Gießkanne
- Hilfsmittel und Geräte zum Pfropfen und Vermehren durch Stecklinge

Pflege

Kakteen im Zimmer

Weitaus die meisten Liebhaber beginnen mit der Aufzucht sukkulenter Pflanzen im Zimmer. Wenn es gut geht, kommen bald neue Pflanzen hinzu und damit ist der Grundstein für eine Sammlung gelegt. Natürlich ist es nicht immer leicht, und es taucht die Frage auf, wie man diese fremdartigen Pflanzen nun eigentlich behandeln muß. Dazu kommt, daß die Aufzucht im Zimmer schwieriger ist als in einem kleinen Gewächshaus.
Meist fängt man mit einigen kleinen Pflanzen an, die man auf dem Markt oder im Geschäft erworben hat, die schon Knospen haben und meist auch noch zum Blühen kommen. Dann sind wir hingerissen von der Schönheit dieser Pflanzen und möchten sie gern weiter kultivieren, um sie im nächsten Jahr wieder zum Blühen zu bringen.
Unsere, in der Regel in einer günstigen Jahreszeit erstandenen Errungenschaften stammen meist aus Massenzüchtungen, die darauf angelegt sind, in möglichst kurzer Zeit verkaufsfähige Pflanzen zu liefern. Sie sehen dann wohl schön aus, sind aber durch zu schnelle Aufzucht oft schwächlich. Daher achte man beim Einkauf auf folgende wichtige Punkte: Die Pflanzen sollen schön und unbeschädigt sein, dürfen aber nicht mastig wirken. Vor allem Kugelkakteen müssen eine gute, gedrungene Form haben. Auf keinen Fall sollte man Kakteen kaufen, die mitten im Winter vor dem Geschäft bei Temperaturen unter 6 °C angeboten werden. Diese Pflanzen kommen in den meisten Fällen aus warmen Gewächshäusern und können den Kälteschock nicht überwinden, wenn sie wieder in einen warmen Raum kommen.
Es kommt auch vor, daß die Pflanzen nach der Blüte nicht weiterwachsen und nach geraumer Zeit sogar ganz eingehen. Dem ist vorzubeugen, wenn wir folgende Ursachen erkennen:

- Der Standort ist zu dunkel und zu kalt; nach dem Gießen bleiben sie zu lange naß.
- Der Standort ist zu heiß und zu trocken. Auch dann wachsen sie schlecht oder gar nicht.
- Die gekauften Pflanzen sind bereits längere Zeit nicht mehr umgetopft worden. Durch vieles Gießen ist die Topferde ganz ausgewaschen, d. h. die notwendigen Nährsalze sind in zu geringer Menge vorhanden oder fehlen ganz. Selbst Nachdüngung ist bei solchen Bodenverhältnissen problematisch.
- Durch zu viel kalkhaltiges Wasser kann der Kalkgehalt zu hoch geworden sein.

Die beste Möglichkeit, hier Abhilfe zu schaffen, ist sofortiges Umtopfen in frischen und nährstoffversorgten Boden.

Umtopfen
Das Umtopfen ist eine der wichtigsten Arbeiten für den Kakteenliebhaber. Es erleichtert der Wurzel die Versorgung der Pflanze mit Wasser und Nährsalzen, ohne die sie nicht lebensfähig ist.
Am besten gibt man der Pflanze eine Woche vor dem Umtopfen kein Wasser mehr. Der Topfballen trocknet dann etwas aus und löst sich leichter vom Topf. Dann muß der Ballen vorsichtig ausgeschüttelt werden, wobei gleichzeitig auf schlechte und angefaulte Wurzeln und auf Ungeziefer, z. B. Wurzelläuse und Älchen zu achten ist (worauf in dem Kapitel »Krankheiten und Schädlinge« noch näher eingegangen wird).
Es müssen ebenso die angefaulten Wurzelpartien entfernt werden. In jedem Fall soll auch die obere Schicht des Topfballens, die meist ganz unbrauchbar geworden ist, verworfen werden. Auf die Beseitigung von Kalkablagerungen am Wurzelhals, die besonders bei Verwendung von kalkhaltigem Leitungswasser entstehen können, wurde bereits hingewiesen. Sie sind nicht nur häßlich, sondern auch schädlich für die Pflanzen. Häufig legt man unten in den Tontopf kleine Scherben, die das Wegspülen der Erde oder das Durchwachsen der Wurzeln verhindern sollen. Bei guten Plastiktöpfen ist dies aus mehreren Gründen nicht nötig. Wo Scherben sind, kann keine Erde sein und folglich auch kein Platz für Wurzeln. Wohl aber kann sich dort leicht Ungeziefer halten, u. a. Asseln, die in einer Sammlung viel Schaden anrichten können. Hat man Wurzelläuse unter fließendem Wasser abgespült, läßt man die Pflanze vor dem Eintopfen noch ein Stündchen im Schatten trocknen, damit die Wurzeln nicht aneinander kleben und sich besser im Boden verteilen.
Der Zeitpunkt des Umtopfens ist für die überwinterten Pflanzen unterschiedlich. Viele Liebhaber topfen Pflanzen, die später im Jahr blühen, im März oder April um. Arten, die im März und April blühen, topfen sie dann im Mai um. Es ist jedoch zweckmäßig, bei einer größeren Kollektion alles zusammen umzutopfen. Im allgemeinen stört frühes Umtopfen die Blüte. Bei *Echinopsis*- und *Lobivia*- und auch bei *Rebutia*-Arten können manchmal die Knospen schon in einem früheren Stadium vertrocknen.
Echinocereus-Arten, die im Frühjahr länger trocken gehalten werden müssen, um sie zur Blüte zu bringen, topft man am besten im August um.

Der Autor topft seit 10 Jahren mit gutem Erfolg die meisten Pflanzen von Mitte Juli bis Mitte August um. Dabei nutzt er die kurze Ruhepause der Kakteen im Juli aus, aus der die umgetopften Pflanzen dann im August wieder in eine neue Wachstumsperiode eintreten. Die Wurzeln können sich gut entwickeln und viele Reserven schaffen für die kommende Winterperiode, die eine längere und tiefere Ruhepause einschließt als der Sommer.

Wenn man die Pflanzen jedes Jahr umtopft, ist eine zusätzliche Düngung nicht notwendig. Für die meisten Arten, vor allem die kleinwüchsigen, genügt der Nahrungsvorrat des neuen Bodens für eine Saison. Bei sehr großen Pflanzen, die man nicht mehr jedes Jahr umtopft, ist es angebracht etwas Dünger zu verabreichen. Ein Spezialdünger ist nicht nötig; die üblichen Düngemittel für Zimmerpflanzen können in der vorgeschriebenen Menge verwendet werden.

Düngerlösungen dürfen niemals über die Pflanzen gegossen werden. Die grüne Oberhaut würde weiße Flecke bekommen und die Dornen sich häßlich verfärben. Am besten braust man nach dem Düngen die Pflanzen kurz mit klarem Wasser ab. Bei weißbehaarten Pflanzen verbietet sich das in jedem Fall.

Das Umtopfen selbst macht keine Schwierigkeiten. Die benötigte Erde wird vorher fertiggemacht. Die Töpfe sollen etwas größer als der Durchmesser der Pflanzen sein. Zu kleine Töpfe erschweren das Umtopfen und die Erde wird zu schnell verbraucht. Zu große Töpfe sehen nicht gut aus, die Pflanzen stehen etwas verloren darin. Außerdem fördern sie das Wachstum nicht sonderlich.

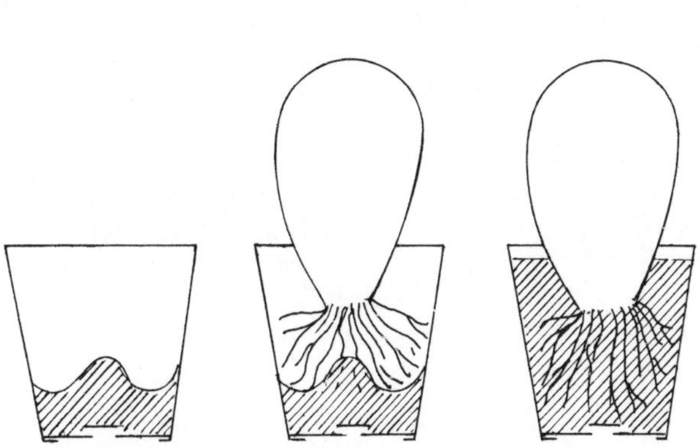

Eintopfen von Kakteen
1 Topfboden gut mit Erde bedecken
2 Wurzeln ausbreiten
3 Topf mit Erde auffüllen und diese rings um die Pflanze leicht andrücken

Bei kleinen Pflanzen mit einem Durchmesser von 9–10 cm läßt man einen Freiraum von ½–1 cm und bei Pflanzen über 10 cm Durchmesser 1–2 cm Platz zwischen Pflanze und Topfrand. Bei größeren Pflanzen kann der Abstand natürlich größer werden, es kommt auch auf den Typ der Pflanze an. Mit der Zeit bekommt man dafür einen Blick.

Die Wurzeln der umzutopfenden Pflanze werden zunächst so gut wie möglich auf der in den Topf gefüllten Erde ausgebreitet und verteilt. Danach füllt man den Topf voll mit Erde auf und bewegt dabei die Pflanze vorsichtig ein wenig auf und ab. So rieselt die Erde zwischen die Wurzeln, die sich gut im Topf verteilen können. Schließlich drückt man die Erde etwas, aber nicht zu fest an und füllt bis auf wenige Millimeter unter dem Topfrand auf. Das genügt, da die Erde sich noch etwas setzt. Eine geringere Erdmenge würde zu sehr zusammensacken, nicht gut aussehen und die Pflanze nicht ausreichend versorgen können. Um den Wurzeln den Anfang zu neuem Wachstum zu erleichtern, lassen wir die frisch umgetopften Pflanzen einige Tage ohne Wassergabe ruhig stehen.

Standort

Nach dem Umtopfen werden die Pflanzen an ihre Standorte gebracht. Als solche kommen im Haus nur die hellsten Stellen in Frage. Das sind im allgemeinen die Fensterbänke auf den Süd- und Südwestseiten. Nord- und Nordostfenster sind für Kakteen ganz ungeeignet. Die Pflanzen bekommen dort keine oder wenig Sonne und gehen langsam ein.

Allerdings müssen die Pflanzen für kurze Zeit noch vor zu grellem Sonnenlicht geschützt werden, sei es durch dünnes Fließpapier oder eine andere Schattierung. Die Schattierdauer verkürzt man Tag um Tag, bis nach etwa 2 Wochen der Sonnenschutz ganz weggelassen werden kann. Währenddessen hat das Wachstum wieder eingesetzt und wir haben begleitend bereits kleine Mengen Wasser gegeben. Bei normaler Entwicklung kann nach einigen Wochen die Wassermenge gesteigert werden. Pflanzen die zwischen Juli und August umgetopft werden, benötigen früher Wasser als im Frühjahr umgetopfte.

Für das Gießen von Kakteen lassen sich schlecht allgemeingültige Anweisungen geben; man muß es vielmehr selbst in den Griff bekommen. Auf keinen Fall ist es richtig, so wie bei den meisten anderen Zimmerpflanzen täglich eine kleine Wassergabe zu verabreichen. Die besten Resultate bekommt man, wenn man einmal ordentlich gießt und dann eine Pause einlegt, bis der

Topfballen an der Oberfläche gut trocken ist. Das kann bei voller Sonne und Wärme 2–3 Tage dauern, bei kühlem und trübem Wetter aber 14 Tage und länger.
Manche Liebhaber bringen auf den Topfballen eine Lage feinen Kies oder Blähtonkugeln auf. Diese starkgebrannten Tonkugeln werden auch viel für Hydrokultur verwendet. Der Kies und auch die braunen Kugeln sehen als Topfbedeckung sehr gut aus. Sie dürften auch mithelfen, daß der Boden nicht so schnell austrocknet und daß es den Algen erschwert wird, sich auf der Bodenoberfläche anzusiedeln. Auch bei jungen Pflanzen, die eine gewisse Anfälligkeit für Befall mit Pilzen im Bereich des Wurzelhalses erwarten lassen, ist die Abdeckung des Bodens mit diesen Materialien anzuraten. Frisch getopfte und noch nicht feststehende Pflanzen können mit größeren Steinchen außerdem gestützt werden. Als nachteilig wird man finden, daß es schwieriger ist, festzustellen, ob der Topfballen feucht oder trocken ist und daß beim Schräghalten des Topfes z. B. während einer Kontrolle auf Schädlinge Kugeln oder Kies leicht aus dem Topf rollen. Auch zeigen sich bald unschöne Kalkablagerungen auf der Abdeckung, wenn man gezwungen ist mit Leitungswasser zu gießen.
In den Fensterbänken stehen die Pflanzen meistens auf Untersetzern. Enthalten diese etwa eine Stunde nach dem Gießen noch Wasser, dann muß dieses unbedingt weggeschüttet werden. Der Topfballen hat dann nämlich schon genügend Wasser gebunden und ist nicht mehr in der Lage, noch mehr Flüssigkeit aufzunehmen. Das nicht verwertbare Überangebot an Wasser kann aber leicht Wurzelfäule verursachen.
Im Frühjahr wird vorzugsweise morgens gegossen. Bis zum Abend ist dann alles wieder trocken und die kühlen, manchmal sogar kalten Frühjahrsnächte können keinen Schaden anrichten. Von Ende Mai bis Anfang September sollte man dagegen besser abends gießen, um den Pflanzen bei der verstärkten Verdunstung an Sommertagen Wasser und Feuchtigkeit ausreichend und rechtzeitig zu sichern. Ab September wird entsprechend wieder morgens gegossen.
Nicht selten sieht man verschiedene Kakteen mit anderen Sukkulenten in einer Schale oder einem Kasten vergesellschaftet. Obgleich solche Kombinationen sehr hübsch aussehen können, ist davon meistens abzuraten, weil die Ansprüche der einzelnen Pflanzen in der Behandlung, insbesondere ihr Wasserbedarf, recht unterschiedlich sein können. Die Folge ist dann, daß nach einigen Monaten die stärkeren und schnellwachsenden Arten die Oberhand über die kleineren und schwächeren Arten gewinnen und diese überwachsen. Es ist daher besser, Pflanzen einer Art oder von einigen nahverwandten Arten in einen Kasten zusammenzusetzen. Gerade die gleichartigen Pflanzen können sehr interessant sein, besonders wenn sie blühen. Ihre Behandlung ist dann genau wie die einzeln eingetopfter Pflanzen.

Zimmer-Gewächshäuser

Gelegentlich wird der Versuch unternommen, Kakteen im Zimmergewächshäuschen zu halten. Im allgemeinen geht das schlecht, weil diese Behälter zu feucht sind. Möchte man diesen Weg dennoch gehen, dann muß man dafür sorgen, daß der Deckel ständig geöffnet ist, damit die Luft trocken bleibt und die Temperatur nicht höher als auf 28–30 °C ansteigt, weil die Pflanzen sonst zu sehr getrieben werden. Die Töpfe stellen wir nicht direkt auf den Boden und senken sie auch nicht in eine Lage Torfmull ein, sondern bringen sie auf ein Gitter. Es versteht sich eigentlich von selbst, daß in Zimmergewächshäusern nur junge Pflanzen und kleine Arten Platz finden. Für kleinere Sammlungen lassen sie sich vorteilhaft als staubfreie Winterquartiere benutzen. Sie müssen dann in kühlen, möglichst ungeheizten Zimmern stehen. Der Deckel muß auch im Winter immer etwas offen bleiben, um Schimmel- und Fäulnisbildung zu verhindern.

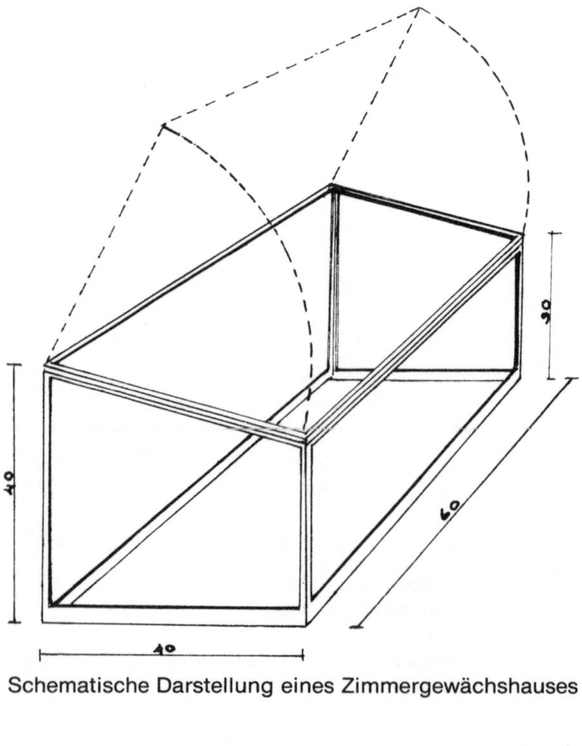

Schematische Darstellung eines Zimmergewächshauses

Behandlung der Pflanzen im Jahresablauf

Januar–Februar

Man stellt die Kakteen an einen hellen Platz, an dem die Temparaturen 9–13 °C möglichst nicht übersteigen. Temperaturanstieg durch Sonneneinstrahlung ist unbedeutend, wenn gleichzeitig für frische Luft gesorgt wird. An sonnigen Tagen kann morgens ein wenig gesprüht werden. Im Laufe des Februar kann man auch ab und zu etwas Wasser auf Topfballen oder noch besser in die Untersetzer geben.

März

Anfang März können wir bereits Wachstumsaktivität und Knospenbildung feststellen. Bei klarem Wetter wird etwas gegossen. Ab und zu sprühen und für frische Luft sorgen! Die Temperaturen dürfen jetzt ruhig steigen. Die Spätblüher können in diesem Monat umgetopft werden.

April–Mai–Juni

Die Pflanzen bekommen ab jetzt Sommerbehandlung, d. h. viel frische Luft und viel Sonne. Die Maximaltemperaturen sollen aber 25–32 °C nicht übersteigen. Mit Zwischenpausen gut gießen und wieder warten bis die Oberfläche der Topferde ganz trocken ist. Im April und Mai wird noch in den Morgenstunden gegossen, in den folgenden Sommermonaten jedoch vorwiegend am Abend. Im Mai können die Frühblüher umgetopft werden.

Juli–August

Grundsätzlich wird mit der normalen Sommerbehandlung weiter fortgefahren. Viele Kakteen legen im Sommer eine kurze Ruhepause ein. Dann ist etwas weniger zu gießen, aber weiter für viel frische Luft zu sorgen. Sofern nicht schon im Frühjahr umgetopft wurde, muß das nun in der Zeit von Mitte Juli bis Mitte August erledigt werden; im Laufe des August beginnen die Pflanzen neuerdings zu wachsen.

September–Oktober

Im September ist das Wachstum der Pflanzen noch sehr gut. Die Nächte werden nun aber kühler und man soll die allmählich zu verringernden Wassergaben in den Morgenstunden verabreichen. Im Oktober hören wir schließlich ganz mit dem Gießen auf. Um die Pflanzen rechtzeitig abzuhärten, ist auch in diesen Monaten stets für viel frische Luft zu sorgen. Im Oktober darf die Temperatur nicht höher als 10–15 °C gehen.

November–Dezember

Die Pflanzen durchlaufen jetzt eine Ruhepause und dürfen nicht mehr gegossen werden. Die Temperatur kann bis auf 8–6 °C fallen. Im ungeheizten Zimmer ist ein heller Platz zu empfehlen.

Diese Hinweise zur Behandlung gelten sowohl für die Kakteen im Haus, als auch für die, die im Gewächshaus gehalten werden. Im übrigen darf zu keinem Zeitpunkt im Laufe des Jahres die Kontrolle auf Ungeziefer oder Pilzbefall vernachlässigt werden.

Kakteen im Freien

Unser Klima eignet sich nicht besonders für Kakteen. Es ist zu feucht und zu rauh. Außerdem kann man in manchen Gebieten weiße, wollige oder haarige Kakteen im Freien nicht mit Erfolg und Freude kultivieren, weil die Luftverunreinigung so erheblich ist, daß sie innerhalb weniger Monate grau und häßlich aussehen. Aber auch die grünen Arten sind nach einer Saison im Freien weniger ansehnlich, zumal sie auch noch sehr langsam wachsen. Schließlich sind die meisten Arten nicht winterfest und müssen im Herbst in jedem Fall ins Haus gebracht werden.

Es gibt wohl einige winterfeste Opuntien, die sich leidlich gut im Garten kultivieren lassen. Meist sind es kriechende Arten, wie *Opuntia vulgaris* Mill. und *Opuntia camanchia* Eng. et Big. Sie müssen in geschützten, sonnigen Südlagen gepflanzt werden und sollen auf gut durchlässigen Böden so hoch wie möglich zwischen Natursteinen stehen. Im Herbst und Winter sollen die Pflanzen, besonders bei viel Niederschlag, mit Glas oder Plastik abgeschirmt werden. Die Seiten müssen jedoch offen sein. Schnee ist weit weniger gefährlich als Tauwasser, das nachts frieren und so Schäden verursachen kann. Im Frühjahr entwickeln die Freilandkakteen einen überraschenden Blütenreichtum.

Nach 3 oder 4 Jahren gehen Wachstum und Blütenfülle zurück. Dies ist der Zeitpunkt, gut erhaltene Partien mit drei oder vier voll ausgewachsenen Scheiben von der alten Pflanze abzuschneiden. Zur Bewurzelung setzt man sie in scharfen Sand und pflanzt sie danach an anderer Stelle aus. Die alten Pflanzen vernichtet man am besten, da erfahrungsgemäß nach einigen Jahren ihre Leistungsfähigkeit nachläßt.

Eine kleine Sammlung kann auf einem Balkon gehalten werden. Zweckmäßigerweise setzt man die Töpfe in einen Kasten zusammen, der bei schlechtem Wetter dann bequem mit einer Glasscheibe abgedeckt werden kann. Für ständige Luftzufuhr muß selbstverständlich gesorgt werden. Auch müssen diese Pflanzen bei zu intensiver Sonneneinwirkung vor dem Verbrennen durch Schattierung geschützt werden. Im Winter kommen sie ins Haus und erfahren die gleiche Behandlung wie die Zimmerkakteen.

Kakteen im Frühbeet

Eine der ältesten Unterglaskulturen ist das Frühbeet, das im Garten angelegt wird. Die Wände sind aus Holz oder – besser noch – aus Betonplatten, die im Handel erhältlich sind. Der Kasten wird mit einer oder mehreren Scheiben abgedeckt. Für die Kakteenkultur sind Frühbeete im allgemeinen gut geeignet.
Beim Anlegen eines Frühbeets muß man in erster Linie darauf achten, daß die niedrige Seite nach Süden ausgerichtet ist. Dann muß vermieden werden, daß bei stärkeren Niederschlägen Wasser in das Frühbeet läuft. Dies erreicht man dadurch, daß die Oberfläche der Kastenfüllung etwa 3–4 cm höher als der umgebende, anstehende Boden außerhalb des Frühbeets liegt.
Bei der Füllung des Frühbeets wird in folgender Weise vorgegangen: Auf den geebneten wagerechten Untergrund wird zunächst eine Isolierschicht aus 5 cm dicken Kunststoffplatten (z. B. Styropor) aufgebracht. Darüber kommt eine feste Plastikfolie, in die zwecks Entwässerung einige Löcher gestochen werden. Auf die Folie wird gewaschener, scharfer Sand ca. 3 cm hoch aufgefüllt. Die eingetopften Kakteen werden in den Sand gestellt, die kleineren vorn und die größeren dahinter. Sehr große und hohe Pflanzen können im niedrigen Frühbeet ohnehin nicht untergebracht werden.
Zum Lüften werden die Fenster je nach Bedarf geöffnet. Bei sehr schönem Wetter können sie ganz weggenommen, bei Sturm müssen sie gut gesichert werden.
Zur Frühbeetfüllung ist noch folgendes zu sagen: Scharfer Sand ist der beste Untergrund, vor allem auf Plastikfolien. Man sollte aber darauf achten, daß der Sand nicht zu naß wird und für ausreichende Entwässerung durch Löcher auch zu den Seiten hin gesorgt wird. Das nicht von den Töpfen aufgenommene, überflüssige Gießwasser wird so abgeführt und ein kleiner Rest kann langsam verdunsten. Wird der Sand einmal trocken, dann entzieht er dem Topfballen keine Feuchtigkeit. Ganz anders liegen die Verhältnisse, wenn Erde oder Torfmull als Untergrund verwendet werden: Beide bleiben viel länger naß und sind daher schon weniger geeignet für Kakteen. Werden sie aber trocken, dann entziehen sie dem Topfballen auch noch weitgehend seine Feuchtigkeit.
Eine dritte Art von Unterlagen ist in Form von Filzmatten neuerdings im Handel erhältlich. Sie sind dem Untermaterial von Bodenbelägen ähnlich. Bei sonst guten Eigenschaften, veralgen sie schneller als scharfer Sand.
Eine andere Möglichkeit ohne Sand im Frühbeet auszukommen, bieten dünne Eternitplatten. Sie werden über die 5 cm starken Kunststoffplatten gelegt und direkt mit den Töpfen besetzt. Für größere Pflanzen ist das sogar zu empfehlen. Die kleinen Pflanzen mit 5,5–7,5 cm Topfgröße trocknen allerdings etwas schneller aus und müssen daher mehr Wasser bekommen. Diese Methode ist wohl die sauberste und verhindert überdies das sog. Durchwurzeln. Für gute Entwässerung durch Löcher in der Mitte und an den Seiten der Platten ist zu sorgen.
Das direkte Einpflanzen in den Frühbeetboden hat den Nachteil, daß im Herbst alle Pflanzen herausgenommen werden müssen, sofern der Kasten nicht heizbar ist. Aber selbst wenn das Frühbeet beheizt wird, ist in den meisten Fällen der Boden im Winter doch zu naß und zu kalt, und man muß mit Ausfällen rechnen. Die Beheizung eines Frühbeets ist durchaus möglich. Durch einen, am besten über Thermostatventil geregelten Anschluß an die Zentralheizungsanlage, kann das Frühbeet zweifellos frostfrei gehalten werden. Diese Installation sollte man jedoch einem Fachmann überlassen.
Zur Einsparung von Wärmeverlusten kann man über die Fenster eine dicke Plastikfolie spannen. Zwischen Scheibe und Folie muß dabei ein Luftraum bleiben. Alles muß jedoch so konstruiert sein, daß bei Bedarf ungehindert gelüftet werden kann.
Bei Beschickung des Frühbeets im Frühjahr muß von Anfang an darauf geachtet werden, daß die Pflanzen vor Verbrennung geschützt werden. Im Gartenbauhandel sind sog. Schattierfarben erhältlich. Sie werden verdünnt und nicht zu dick auf die Außenseite der Fenster gestrichen. Unter Umständen kann auch wischfeste Mauerfarbe benutzt werden. Schon nach 2 Tagen kratzt man mit einem groben Besen über die Farbe und wiederholt das in mehreren Abständen bis nach einigen Wochen die Farbschicht ganz verschwunden ist. Die Pflanzen werden auf diese Art stufenweise an die starke Sonneneinstrahlung gewöhnt.
Große Nachteile des Frühbeets sind: Man muß immer am Boden arbeiten und man kann bei langen Frostperioden den Kasten nicht öffnen.

Kakteen im Gewächshaus

Standort, Form und Einrichtung

Wenn man sich eine Weile mit Kakteen beschäftigt hat, liebäugelt man auch mit der Möglichkeit, sich ein kleines Gewächshaus anzuschaffen, um alle Pflanzen unterzubringen. Die großen Städte bieten dazu weder in alten noch in den neuen Wohngebieten Möglichkeiten. Hat man dagegen einen Schrebergarten oder wohnt man am Stadtrand oder auf dem Lande in einem Einfamilienhaus mit Garten, findet sich leicht ein Platz für ein Gewächshaus. Der Standort ist wichtig, denn nicht jeder Garten ist geeignet. Liegt z. B. der Garten an der Nordseite oder sind ringsum hohe Häuser, so daß man im Sommer nur wenige Stunden Sonne bekommt, dann ist es zwecklos, das Vorhaben weiter zu verfolgen. Für ein gutes Wachstum der Kakteen muß das Gewächshaus im Sommer wenigstens von frühmorgens bis 15 Uhr oder länger Sonne bekommen. Ein Gewächshaus, das im Sommer erst ab 12 Uhr Sonne hat, bringt längst nicht die guten Resultate wie ein Haus mit voller Morgensonne.

Verschiedene Gewächshaustypen

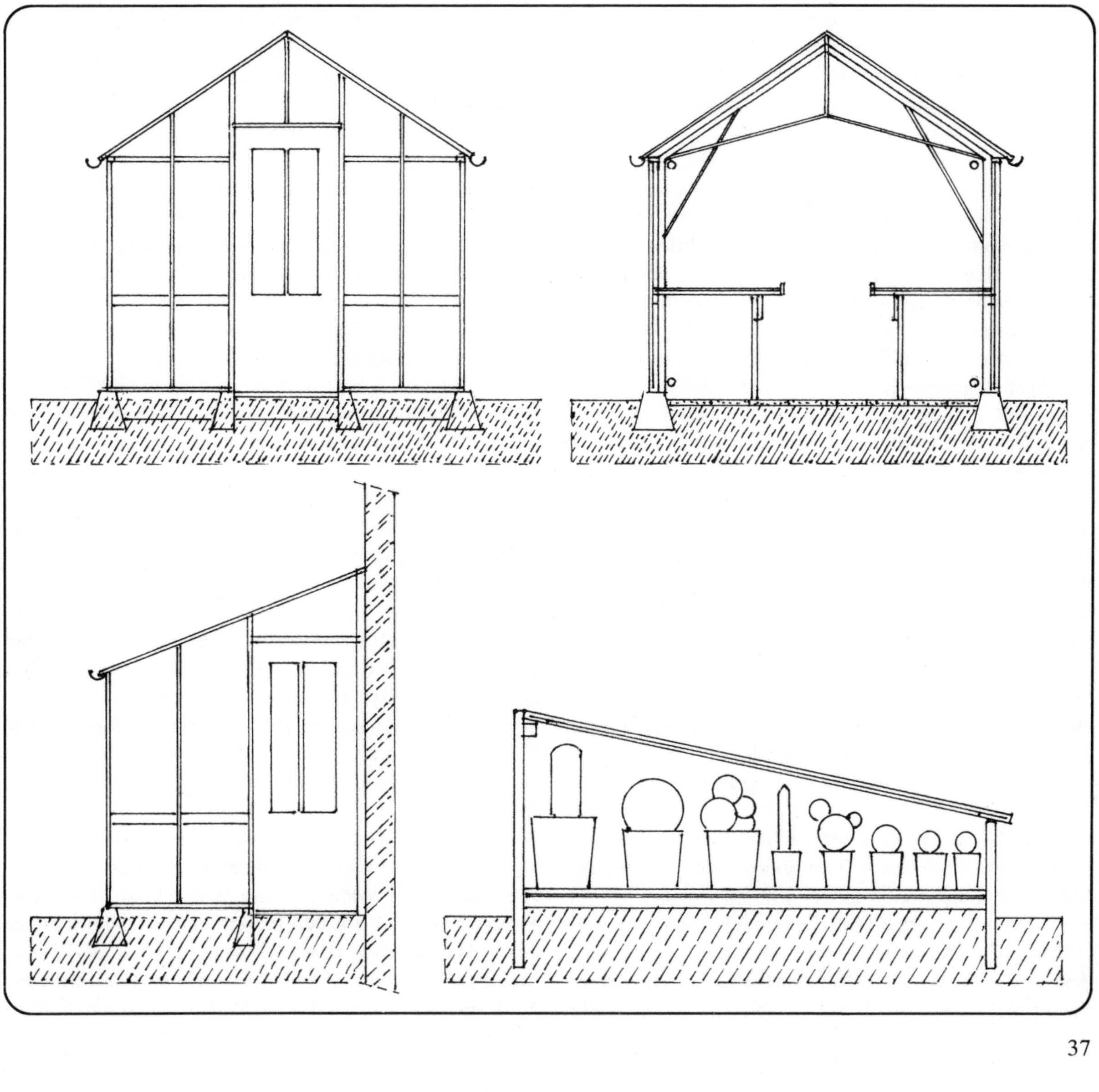

Um späteren Schwierigkeiten zu entgehen, sollte man vor dem Bauen prüfen, ob eine Baugenehmigung notwendig ist und diese ggf. bei der örtlichen Baubehörde einholen.
Es gibt im Handel viele Gewächshäuser für Liebhaber, aber nicht alle Modelle sind für die Aufzucht von sukkulenten Pflanzen geeignet. Viele Liebhaber bauen ihr Gewächshaus selbst, was mit etwas Geschicklichkeit und gutem Willen oft recht gut gelingt. Es ist nicht die Absicht, hier einen vollständigen Bauplan für ein Gewächshaus vorzulegen. Den Kakteenfreunden, die sich selbst an den Bau eines Gewächshauses wagen, seien einige Hinweise und Ratschläge gegeben.
Es muß sichergestellt sein, daß man sich frei und aufrecht im Haus bewegen kann. Das bedeutet, daß die Seitenwände ca. 170 cm und der First 235 cm hoch sein müssen. Die Hausbreite dürfte 270 cm betragen. Dabei geht man davon aus, daß die Pflanzen auf Tische oder Tabletts von maximal 100 cm Breite gestellt werden und ein mit 60 cm Breite ausreichend bequemer Mittelgang angelegt wird. Hat man nur wenig Platz und muß das Gewächshaus an eine Mauer gebaut werden, dann kann der Gang entlang der Mauer und der Pflanzentisch längs der Glaswand geführt werden. Das ist dann auch für die Pflanzen günstig. Die Gesamtbreite des Hauses kommt in diesem Fall dann auf 100 cm + 60 cm + Wandstärke = ca. 170 cm. Sofern Platz vorhanden ist, kann das Haus natürlich auch breiter werden. Dann ist es sinnvoll, entlang der Mauer ein schmales Tablett für hochwachsende Pflanzen, die in der Breite nicht viel Raum benötigen, einzubauen. Hier sind allerlei Kombinationen möglich. Die Höhe der Seitenwand soll auch hier 170 cm sein.
Steht viel Platz zur Verfügung und will man eine große Sammlung unterbringen, dann muß ein wesentlich größeres Gewächshaus geplant werden. Die Seitenwände können bis 200 cm hoch werden, was zur Folge hat, daß auch der First auf ca. 330–340 cm kommt.
Die hier aufgeführten Maße beschränken sich nur auf die Breite und Höhe eines Hauses, da sich die Länge ganz dem zur Verfügung stehenden Platz anpassen kann. Wie immer die Entscheidung getroffen wird, muß auf die festliegende Glasmasse Rücksicht genommen werden. In ein größeres freistehendes Gewächshaus kann zusätzlich zu den 100 cm breiten Seitentischen ein Mitteltisch eingeplant werden. Um die Bedienung von zwei Seiten zu ermöglichen, darf er nicht breiter als 2 × 100 cm sein. An seinen beiden Längsseiten ist wiederum ein Gang von 60 cm vorzusehen. Die ganze Breite des Hauses wird nun ca. 530 cm betragen. Für ein derartiges Gewächshaus ziehe man am besten einen Fachmann zu Rate; denn die Konstruktion muß so einwandfrei sein, daß sie auch Sturm und Schnee standhält.
Früher bestand der Unterbau eines Gewächshauses aus Mauerwerk. Darauf wurde dann eine Holzkonstruktion mit Dach gesetzt, in die die Glasscheiben eingesetzt wurden. In älteren Gärtnereien kann man diese Gewächshäuser noch heute sehen. Neuerdings baut man die Häuser ganz aus Glas. Die Rahmen sind aus Holz oder Aluminium. Früher wurden neben verzinkten auch nicht verzinkte Rahmen verwendet. Von diesen muß wegen Kondenswasserbildung (Rost) und Glasbruch abgeraten werden. Im Handel sind sowohl Holz- als auch Aluminiumrahmen erhältlich. Für das Dach sind wegen des geringen Unterhalts Aluminiumträger zu empfehlen.
Zum Verglasen nimmt man am besten das gegenüber normalem Fensterglas günstigere sog. Gärtnerglas. Es ist in verschiedenen Standardmaßen zu bekommen. Am besten informiert man sich hierüber rechtzeitig, damit unnötiges Glasschneiden vermieden wird. Bei Holzkonstruktionen werden Stand- und Dachglas mit Spezialglaskitt in die Holzträger eingekittet. In Aluminiumrahmen können die Scheiben ohne weiteres eingeschoben oder mit einem speziellen Klebestreifen, der sich um das Rahmenprofil festzieht, abgedeckt werden.
Um die Durchlüftung eines Gewächshauses sicherzustellen, müssen sich genügend Luftklappen im Dach befinden. Als Faustregel gilt, daß auf 3 m^2 Bodenfläche 0,5 m^2 Lüftungsfläche kommen. Die beste Stelle für Lüftungsklappen ist dicht unterhalb des Dachfirstes.
Die Tür muß mindestens 185 cm hoch sein oder wenn möglich die Standardhöhe von 201,5 cm haben. Die Standardbreiten sind 63, 68, 73, 78 und 83 cm.
Die Tische können auf verschiedene Weise gebaut werden. Man sollte jedoch darauf achten, daß die Tischbeine längs den Laufgängen immer 15 cm von der Tischkante nach innen gerückt sind. Sie hindern so weder beim Arbeiten an Tischen, noch bei der Benutzung der Wege. Die Höhe der Tabletts liegt zwischen 70 und 85 cm und ist auch abhängig davon, ob man überwiegend große oder kleine Pflanzen kultiviert. Bei großen Pflanzen arbeitet man viel bequemer, wenn sie auf einem niedrigen Tisch stehen. Außerdem ist es schöner, sie von oben als von der Seite zu betrachten.
Als Tischplatte wählt man am besten eine 1 cm dicke Eternitplatte, die auf den Unterbau des Tabletts gelegt wird. Als seitlichen Abschluß bringt man an der Tischkante zur Sicherheit eine 10–12 cm hohe Holzleiste an. Man verwende für ein Gewächshaus, innen und außen,

so wenig wie möglich Eisen. Es rostet sehr schnell und verlangt hohen Wartungsaufwand. Die unentbehrlichen Eisenteile, wie Sprossen, sollten gleich beim Bau eine gute Schutzschicht von Mennige und Farbe bekommen. Trotzdem muß jährlich auf Rost kontrolliert und rechtzeitig nachbehandelt werden.
Den Laufgang legt man mit Platten (Ziegel) aus oder gießt einen Betonboden. Auf weichem Boden ist eine Betonlage auch unter den Platten zu bevorzugen. Unter die Platten und unter den Betonboden gehört eine Lage scharfer Sand von mindestens 15 cm Stärke. Um das Gewächshaus bequem sauber zu halten belegt man oft den ganzen Boden mit Platten oder Beton.
Wie auch immer das Gewächshaus erstellt wurde, als Eigenarbeit oder im Auftrag, mit Pflanzen sollte es erst dann beschickt werden, wenn alle Arbeiten restlos abgeschlossen sind.

Heizung

Eine Kakteensammlung muß man frostfrei überwintern. Diese Grundforderung wird auch durch einige Arten, die Frost vertragen, nicht aufgehoben; denn die meisten Arten halten unser Winterklima nicht aus. Das bedeutet, daß unsere Gewächshäuser beheizbar sein müssen. Bei kleinen Häusern von nur wenigen Quadratmetern Bodenfläche ist das Problem leicht zu lösen, indem man einen Elektro-, Butangas- oder Ölofen aufstellt. Man muß dann lediglich dafür sorgen, daß die Wärmequelle nicht zu nahe bei den Pflanzen steht, um insbesondere die Gefahr der Austrocknung zu umgehen.
Bei Gewächshäusern über 10 m^2 ist die Wärmeabgabe von kleinen Geräten nicht ausreichend. Vor allem wird ein ungünstiges Temperaturgefälle entstehen mit verhältnismäßig hoher Temperatur in der Nähe des Ofens und frostgefährdeten Stellen in den äußeren Ecken und Randbezirken des Hauses. Es kommt also darauf an, die Wärme gleichmäßig zu verteilen.
Benutzen wir Geräte, die keinen Abzug nach draußen haben, besteht durch die Abgase in der Luft Gefahr für die Pflanzen. Unerwünschtes Wachstum oder starker Blattfall bei Blattpflanzen können die Folge sein. Dieser Gefahr kann begegnet werden, wenn man über den Ofen eine Art Trichter hängt, von dem ein Aluminiumrohr von ca. 8 cm Durchmesser nach draußen führt. Der Trichter muß die ganze Oberkante des Ofens abdecken und ca. 10 cm darüber freihängen. Das angeschlossene Aluminiumrohr leitet man mit einigen Bögen durch einen Großteil des Hauses und führt es möglichst weit vom Ofen entfernt nach draußen. Auf diese Weise werden die Abgase abgeleitet und gleichzeitig das lange Rohr mit als Wärmespender ausgenutzt. Als Aluminiumrohre werden handelsübliche Typen, wie sie auch im Haus zum Anschließen von Gasherden benutzt werden, verwendet. Sie sind in Längen von 1 m mit verschiedenen Bögen und Zwischenstücken zu bekommen. Meistens reichen 8 cm Durchmesser aus. Ist die Kapazität des Ofens größer, nimmt man besser einen Rohrdurchmesser von 10 cm.

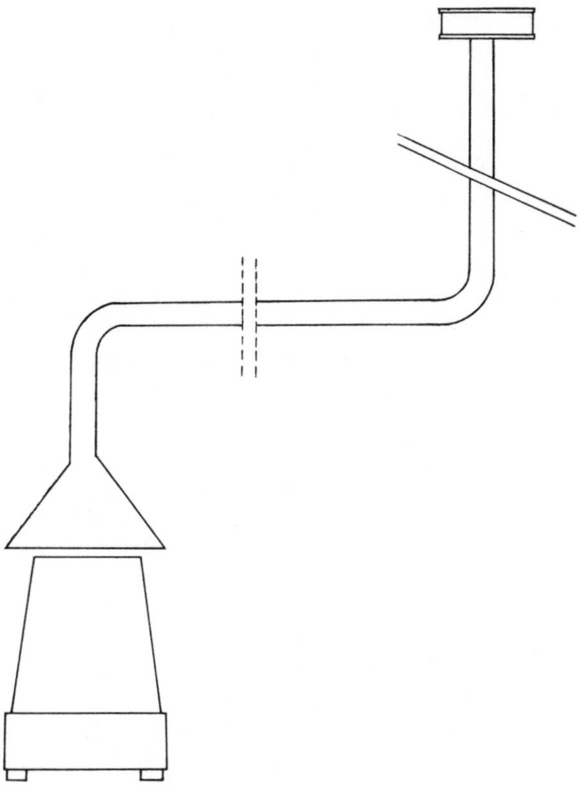
Schema einer Öl- und Gasheizungsanlage

Verfügt man über Erdgasversorgung, dann kann im Gewächshaus ein Giebelofen installiert werden. Auch diese Heizungsquelle ist wieder lokal und man muß vorher überlegen, wo der Ofen stehen soll. Das Aufstellen des Ofens und das Verlegen der Leitungen kann nur von einem fachkundigen Installateur vorgenommen werden.
Ist im Wohnhaus eine Zentralheizung vorhanden, dann besteht die Möglichkeit, eine Leitung zum Gewächshaus zu legen und dort durch ein Rohr- oder Radiatorensystem eine günstige Wärmeverteilung zu erreichen. Voraussetzung ist natürlich, daß die Kapazität des Heiz-

kessels ausreichend ist. Ist sie zu knapp, dann können bei extrem tiefen Temperaturen sowohl das Haus als auch das Gewächshaus nicht mehr genügend erwärmt werden. Für eine derartige Anlage schaltet man selbstverständlich einen Fachmann ein.
Schließlich kann auch eine elektrische Beheizung in Betracht gezogen werden. Allerdings sind die Stromkosten viel höher, als die Kosten bei allen anderen Heizungsarten. Da auch hier zahlreiche Vorschriften gelten, die unbedingt eingehalten werden müssen, sollten die Arbeiten nur einem einschlägigen Fachmann übertragen werden. Alles sollte einfach und praktisch sein und, wie z. B. die Beleuchtung, leicht kontrollierbar.

Kultur und Versorgung

Bei der Beschreibung der Kulturverhältnisse im Haus und im Frühbeet ist schon viel gesagt worden, was auch für das Gewächshaus gilt. Wie im Frühbeet können auch hier die eingetopften Pflanzen auf eine Lage Sand oder auf Eternitplatten gestellt werden. Auch die dort erwähnten Kunststoffplatten kann man verwenden.
Hat das Gewächshaus einen günstigen Standort, so lassen sich Sonne und Tageslicht für schnelle und gute Entwicklung der Pflanzen in vollem Umfang nutzen. Doch es gibt einige Faktoren, denen wir unsere besondere Aufmerksamkeit schenken müssen. Jeder muß sich bei der Disposition der Pflegemaßnahmen zu allererst klar werden, daß durch die Besonderheiten des Gewächshauses dort für die Pflanzen das Frühjahr eher beginnt als im Freien oder nach dem Kalender. Bei klarem Wetter kann bereits Mitte Januar morgens leicht gesprüht werden. Soll früh umgetopft werden, kann man bei klarem Wetter schon Ende Februar damit beginnen. Damit die Pflanzerde nicht zu kalt ist, sollte sie mindestens 1 Woche vorher vom Erdlager ins Haus geholt werden.
Hat das Gewächshaus viel Sonne, so kann ab Mitte März vorsichtig mit dem Gießen begonnen werden und zwar zunächst noch mit einer kleinen Blumengießkanne, um die Pflanzen selbst so wenig wie möglich naß zu machen. Selbstverständlich wird in dieser Zeit nur morgens gegossen und bei Sonne gelüftet. Wenn möglich müssen ab Anfang April die Lüftungsklappen geöffnet werden; auch kann etwas mehr gegossen werden. Ab Anfang Mai gießen wir abends. In dieser Zeit ist es auch besonders wichtig, den Wetterbericht zu verfolgen, um bei Nachtfrostgefahr ggf. die Heizung anzustellen und in jedem Fall das Haus auf 12 °C zu halten. Tagsüber können die Lüftungsklappen offen bleiben, in nicht zu kalten Nächten ebenso.
Nachdem die späten Blüher bereits im März umgetopft wurden, können die frühblühenden Arten im Mai vertopft werden. Strebt man eine gute und kräftige Herbstentwicklung an, empfiehlt es sich, die Zeit von Mitte Juli bis Ende August zum Umtopfen zu nutzen. Ab Ende September gießt man weniger, um Ende Oktober ganz damit aufzuhören.
November und Dezember sind für die Pflanzen Ruhemonate. Einzelne wenige Gruppen wie z. B. *Zygocactus* machen davon allerdings eine Ausnahme. Während dieser 2 Monate darf die Temperatur ruhig niedrig sein. Solange es frostfrei bleibt, braucht bis Ende Dezember auch nicht geheizt zu werden. In dieser Periode schadet es auch nicht, ein paarmal 1 Tag lang die Temperatur auf ca. 12–15 °C anzuheben, um eine zu hohe Luftfeuchtigkeit zu mindern. Die Lüftungsklappen müssen dabei aber zur Hälfte geöffnet sein. Hat man viel brasilianische Arten, z. B. Melocactus, dann muß leicht geheizt und eine Temperatur von ca. 10–12 °C gehalten werden. Im Januar werden Temperaturen von 12–14 °C benötigt. Im Februar ist tagsüber auf 16 °C und nachts auf 10 °C einzustellen.
Ohne Bindung an eine Jahreszeit muß das ganze Jahr über die Aufmerksamkeit auf Ungeziefer oder Krankheiten gerichtet bleiben.
Sollen Kakteen unmittelbar in Tischbeete gepflanzt werden, muß eine Substrathöhe von mindestens 25 cm gewährleistet sein. Entsprechend müssen die Kantenbretter ringsum erhöht werden. Natürlich benötigt man bei dieser Methode sehr viel Erde, z. B. für ein 10-m^2-Tablett 3 m^3. Bei diesem hoch angesetzten Bedarf ist aber bereits berücksichtigt, daß im Laufe von einigen Monaten die Erde zusammensackt. Es muß ferner bedacht werden, daß nach 2 Jahren die ganze Erde wieder erneuert werden muß.
Damit die gesamte Anpflanzung ein entsprechendes Aussehen bekommt und auch über längere Zeit behält, müssen die Pflanzen ungefähr gleich groß sein und sich in ihrer Wüchsigkeit etwa entsprechen. Große Pflanzen breiten ihre Wurzeln sehr schnell aus, wachsen deshalb besser und werden unter Umständen zu groß im Verhältnis zum umgebenden Raum. Ferner nehmen sie den kleinen Pflanzen fast alle Nährsalze und Feuchtigkeit weg, so daß diese nur schlecht vorankommen. Auch ist die Behandlung einer einzelnen Pflanze sehr schwierig und kaum ohne Beeinträchtigung ihrer Nachbarn möglich.
Möchte man ein wirklich dekoratives Arrangement, dann muß man einen anderen Weg gehen: Für die Aufstellung der Pflanzen wählt man eine Ecke des Ge-

wächshauses. Zwischen Natursteinen werden hier große und ältere Pflanzen zusammengesetzt, die Hohlräume zwischen den Steinen mit Boden ausgefüllt und mit je 1–3 Pflanzen besetzt. Eventuell kann man die Pflanzen auch in ihren Töpfen belassen und sie so mit Steinen abdecken, daß die Topfränder nicht mehr zu sehen sind. Eine solche Aufstellung ist dekorativ und auch bei Erneuerung des Bodens bequem zu bearbeiten.
Mehrere kleine Pflanzen von 5–6 cm Durchmesser lassen sich gut in Eternit- oder Kunststoffkästen zusammenpflanzen. Diese Kästen sind handlich und die kleinen Pflanzen wachsen – ähnlich wie Sämlinge – besser in der Gruppe. Für größere Pflanzen sind Töpfe den Kästen vorzuziehen, weil dann die Einzelpflanzen im Bedarfsfall leichter behandelt werden können.

Vermehrung aus Samen

Samengewinnung und -aufbewahrung

Haben wir im Verlauf der Zeit eine hübsche Sammlung aufgebaut, werden wir auch versuchen, Samen von den Pflanzen zu gewinnen. Wenn auch zunächst nur einzelne Arten dafür in Frage kommen, muß es doch von Anfang an das Ziel sein, die Beherrschung der Methode zu erlernen. Einige Probleme, die dabei auftreten können, sollen hier kurz angesprochen werden. Man muß in erster Linie wissen, daß man hierbei nicht aufs Geratewohl arbeiten kann und daß bereits während der Blüte einige Dinge zu beachten sind, wenn man gutes Samenmaterial erhalten will.
Nachdem in einem der vorigen Kapitel bereits auf die grundsätzlichen Vorgänge bei der Bestäubung in der Natur eingegangen wurde, soll jetzt über die künstliche Bestäubung gesprochen werden. Die Beherrschung dieser Technik ist eine wesentliche Voraussetzung für die Samengewinnung. Nicht weniger wichtig ist es zu wissen, daß nicht jede Bestäubung auch zur Samenbildung führen muß. Um die diesbezüglichen Unterschiede im Verhalten der Pflanzen verständlich zu machen und zu begründen, werden nachfolgend sehr vereinfacht 3 Gruppen von Möglichkeiten dargestellt:

Gruppe 1: Hierbei handelt es sich um Kakteenarten, die ohne weiteres Früchte bilden und Samen entwikkeln, auch wenn nur ein einziges Exemplar der betreffenden Art in der Sammlung vorhanden ist. Wir nennen sie fertil. Bei diesen Pflanzen kann Selbstbestäubung stattfinden. Das besagt jedoch nicht, daß Befruchtung nicht möglich ist, wenn mit Blütenstaub einer anderen Pflanze derselben Art bestäubt wird. In diesem Fall werden meistens mehr Samen gebildet, die sogar besser und kräftiger sind. Daher ist es zu empfehlen, bei fertilen Pflanzen immer zwei Exemplare einer Art bereit zu halten. Man spricht in diesem Fall von Kreuzbestäubung innerhalb der Art.

Gruppe 2: Sie faßt Kakteen zusammen, bei denen immer zwei Exemplare nötig sind, um gutes Samenmaterial zu gewinnen. Wir nennen sie auch selbststeril. Damit ist gemeint, daß diese Pflanzen keine Samen bilden, wenn sie mit eigenem Blütenstaub bestäubt wurden. Da Kakteenblüten, sowohl Stempel als auch Staubblätter besitzen, können wir die Kreuzbestäubung für beide Pflanzen anwenden, so daß beide auch Samen bilden können.

Gruppe 3: Es kommt selten vor, daß eine Art sowohl bei Kreuzbestäubung wie bei Selbstbestäubung keine Samen bildet. Dieser Situation begegnet man bei *Eriocereus jusbertii* (Rebut.) Ricc., einem sehr beliebten Pfropfstamm. Auch wenn 10 oder 20 Individuen zu gleicher Zeit blühen und wir Selbst- oder Kreuzbestäubung anwenden, werden wir nicht ein einziges Samenkorn gewinnen. Sowie wir jedoch Blütenstaub einer verwandten Gruppe, nämlich *Echinopsis*, auf die Narben bringen, werden wir herrliche Früchte bekommen, in denen die Anzahl der Samen 300–1800 pro Frucht beträgt. Die Sämlinge aus diesen Samen gleichen sich und auch den alten *E.-jusbertii*-Pflanzen. Sie zeigen alle dieselben Eigenschaften. Erstaunlich ist es, daß es nur gelingt mit Blütenstaub von den einfachen *Echinopsis*-Arten. Die verwandten Gruppen *Pseudoechinopsis* oder *Lobivia* sind erfolglos.

Bevor man die Frage stellt, wie die Bestäubung bei Kakteen durchgeführt wird, muß man prüfen unter welchen Voraussetzungen sie ins Auge gefaßt werden kann. Es ist zu berücksichtigen, daß nur eine kleine Anzahl von Kakteenarten eine etwas längere Blühperiode hat. *Echinocereus*-Arten blühen 8–10 Tage hintereinander; *Epiphyllum* und *Zygocactus* nur 3–6 Tage. Weitaus die meisten Arten blühen kürzer. Die Nachtblüher öffnen sogar nur während einer einzigen Nacht ihre Blüten. Bei Tagblühern variiert die Blühperiode zwischen einigen Stunden bis zu 3–4 Tagen. Bei einigen *Lobivia*-Arten öffnen sich morgens bei Sonnenschein schnell die Blüten, um sich dann zur Mittagszeit für immer zu schließen, während andere am zweiten Tag noch einmal ihre Blüten öffnen. Bei *Gymnocalycium* beginnen sich die Blüten im Laufe des Mittags zu öffnen, am ersten Tag nur zur Hälfte, am nächsten Tag aber bei voller Sonne ganz; sie blühen dann einige Tage. Nachts sind die *Gymnocalycium*-Blüten im allgemeinen ganz geschlossen. Der 3–4 Tage blühende *Eriocactus leninghausii* schließt die Blüte nur am ersten Abend; sie bleibt dann während der folgenden Zeit offen.

Wir müssen also immer darauf achten, den richtigen Augenblick zum Bestäuben zu finden. Wenn wir genau genug beobachten, gibt uns für diesen Zeitpunkt die Blüte selbst Hinweise:

- wenn die Blüte voll geöffnet ist
- wenn die Staubbeutel aufgeplatzt und der Blütenstaub herausgepreßt wird
- wenn die Narben deutlich auseinanderweichen und damit ihre Bestäubungsreife signalisieren

Was in der freien Natur bei der Bestäubung der Kakteen im allgemeinen durch Insekten und in gewissem Umfang durch Vögel (Kolibri-Arten) erledigt wird – nämlich die Übertragung des Pollens – besorgt der Kakteenfreund in seiner Sammlung mit einem kleinen Pinsel. Selbstverständlich darf dieser nur gereinigt und nur für jeweils einen Übertragungsgang verwendet werden, wenn man ungewollte Kreuzungsergebnisse vermeiden will. Mit dem Pinsel wird vorsichtig der Blütenstaub von den Staubbeuteln abgenommen und auf die Narben einer anderen Pflanze der gleichen Art übertragen. Man kann dafür auch ein dünnes Stäbchen nehmen, auf das ein Wattepfröpfchen gedreht wird. Für jede weitere Bestäubung muß natürlich wieder neue Watte verwendet werden.

Cleistocactus-Arten mit ihren dünnen Röhrenblüten werden in der Natur von Kolibris bestäubt, die fliegend den Schnabel in die Röhre drücken. Dabei bleibt Blütenstaub am Schnabel haften und wird nach Eindringen in eine andere Blüte auf deren Narben abgesetzt. In Anlehnung an diesen Vorgang in der Natur, benutzt man hier bei der künstlichen Bestäubung weder Pinsel noch Watte, sondern lediglich ein ganz dünnes Stöckchen. Es wird in die Blütenröhre eingeführt und mit dem haftengebliebenen Blütenstaub mit den Narben der anderen Blüte vorsichtig in Berührung gebracht.

Natürlich ist es nicht schwierig verschiedene Arten zu kreuzen und dabei können sogar sehr schöne Hybriden herauskommen. Um jedoch planmäßig ein bestimmtes Kreuzungsziel zu erreichen, muß man die Arten und ihre Eigenschaften schon gut kennen.

Versuchen wir also systematisch vorzugehen, vor allem weil für unsere Liebhaberei gerade die reinen Arten am meisten gezogen werden. Dabei müssen wir bedenken, daß es eigentlich natürlich und möglich ist, daß Insekten, wie Bienen und Hummeln, die blühenden Pflanzen anfliegen, von Blüte zu Blüte eilen und sich nicht um (unsere) verschiedenen Arten kümmern. Die Folge davon ist dann evtl. doch eine Kreuzbestäubung.

Man soll diese Tiere nun nicht töten oder mit Insektiziden vernichten. Schließlich ist es nicht ihre Schuld, daß auf ein paar Quadratmetern verschiedene Pflanzenarten stehen, die in der Natur hunderte von Kilometern getrennt voneinander wachsen.

Um ungewollten Bestäubungen zuvorzukommen, müssen die Pflanzen daher vor solchen Besuchern und eventuell noch anderen Pollenüberträgern abgeschirmt werden. Man setzt daher die Pflanzen, von denen man Samen erwartet, zusammen und stürzt einen Kasten aus Fliegendraht darüber. Wir können auch für jede einzelne Pflanze kleine Hauben aus Fliegendraht anfertigen oder einfach die Blüten in Gazebeutel hüllen. Auch sollen Fenster, Lüftungsklappen und -türen in entsprechender Weise durch Gazevorsätze geschützt werden.

Manche reifen Früchte bleiben grün, andere sind schön gefärbt und oft herrlich rot. Bei voller Reife platzen die meisten auf, wie z. B. bei *Notocactus, Astrophytum, Gymnocalycium, Cereus*-Arten usw. Wieder andere sind beerenartig, ohne Schuppen oder Dornen. Diese öffnen sich oftmals nicht; sie werden in der Natur von Vögeln und anderen Tieren gefressen und die Samen, die der Tierkörper nicht verdaut, werden mit den Exkrementen an andere Stellen gebracht und auf diese Weise verbreitet.

In unserer Sammlung können wir die reifen Früchte bequem von den Pflanzen pflücken. Um Fäulnis- und Schimmelbildung zuvorzukommen, wird man so schnell wie möglich die Samen gewinnen. Viele Arten haben fleischige Früchte mit dicken Samensträngen, in denen die Samen schön verpackt sind. Zunächst lösen wir vorsichtig die ganze Außenpartie ab, so daß wir in der Hauptsache nur noch die Samenstränge übrig behalten. Über einem Küchensieb spülen wir sie mit kaltem Leitungswasser ab. Indem wir sie dabei regelmäßig zwischen den Fingern reiben, lösen sich die Samen los. Wir spülen und reiben solange, bis alles Fruchtfleisch entfernt ist und die sauberen Samen auf einem Tuch zum Trocknen ausgelegt werden können. Eventuell noch anhaftende Fruchtreste können nach dem völligen Abtrocknen ohne Schwierigkeit beseitigt werden.

Astrophytum-Samen und die anderer grobsamiger Arten brauchen nicht gewaschen zu werden. Kurz nach der Ernte trocknen die Samenstränge etwas ab und die Sa-

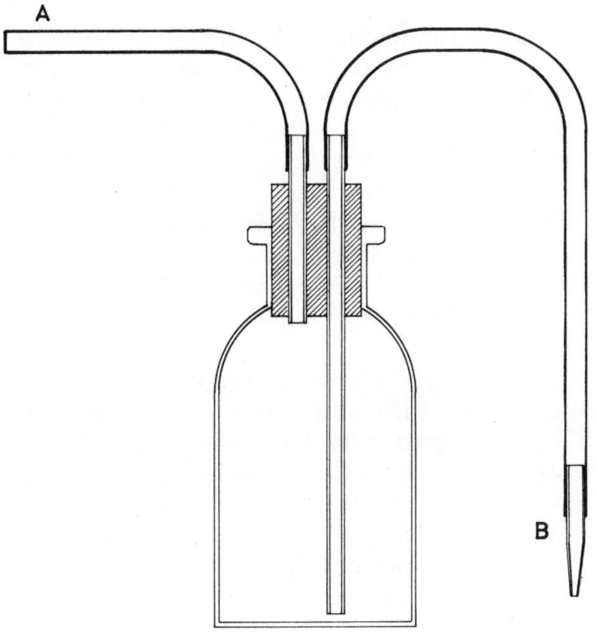

Apparat zum Aufsaugen von Samen

men lassen sich bequem herauslösen. Es gibt auch Früchte mit losen Samen, wie z. B. bei den *Parodia*-Arten. Auch diese Samen werden nicht gewaschen. Bricht man eine solche Frucht auf, dann fallen die ziemlich kleinen Samen von selbst heraus. Ähnliches trifft für *Rebutia*- und *Notocactus*-Arten zu.
Um zu verhindern, daß auf diese Weise viele – besonders kleine oder feine – Samen verloren gehen, gibt es eine einfache Methode: Man saugt die Samen ab. F. v. d. Steeg hat hierfür einen kleinen Apparat entwikkelt, den man auf einfache Weise selbst aus überall erhältlichen üblichen Labormaterialien zusammenbauen kann. Man benötigt: Eine Flasche von 250–300 ml, einen Gummistopfen, Glasröhrchen, Gasschlauch. In den Gummistopfen werden zwei Löcher gebohrt. Durch das eine wird ein kurzes bis knapp unter den Stopfen reichendes, durch das andere ein langes, bis kurz über den Flaschenboden gehendes Glasröhrchen geführt. Über die oben aus dem Stopfen ragenden Enden der Röhrchen wird je ein Gummischlauch gezogen. Saugt man an Schlauch A und hält das Ende des Schlauches B kurz über den Samen zwischen den Dornen, dann wird dieser in die Flasche gesogen. Da der Luftstrom in der Flasche viel geringer ist, fallen die Samen auf den Boden der Flasche.
In das freie Ende des Schlauches B stecken wir noch ein Glasröhrchen, das auf einer Seite abgeplattet ist. Auf diese Weise kommt man auch bequem zwischen die Rippen der Pflanzen. Das Abplatten geschieht, indem man eine Seite des Röhrchens erhitzt und sie mit einer Flachzange vorsichtig zu einer flachen Schnauze auszieht.
Bis zum Zeitpunkt des Aussäens können nun die Samen auf verschiedene Weise aufbewahrt werden. Dazu eignen sich Streichholzschachteln, kleine Papierumschläge und selbstgefaltete Papiertütchen. Als Material sind dazu die Blätter eines Taschenkalenders von ca. 8 × 12 cm geeignet. Bei richtiger Faltung, wie sie in der Abbildung auf Seite 44 gezeigt wird, kann der Samen nie herausfallen. Ein weiterer Vorteil ist, daß sie sich, im Gegensatz zu den käuflichen, oft glatten und durchsichtigen Tüten, beschriften lassen.
Nicht zu empfehlen, wegen zu rascher Qualitätsminderung, ist die Aufbewahrung von Samen in geschlossenen Fläschchen.

Die Aussaat

Mit das Interessanteste an unserer Liebhaberei ist das Aussäen von Kakteensamen und die Aufzucht der Sämlinge. Viele Anfänger gehen nach einer gewissen Zeit dann auch dazu über, es selbst zu versuchen.
Zunächst wird man Samen eigener Pflanzen verwenden. Wenn dann die Sammlung erweitert und neue Arten hinzugenommen werden sollen, wird man natürlich bestrebt sein, auch dafür die entsprechenden Samen zu bekommen. Es wäre sicher ein – evtl. auch teurer – Fehler, zu große Mengen an Samen der einzelnen Arten zu beschaffen. Im allgemeinen reichen kleine Mengen von 20–30 Samen aus und davon bleibt auch noch genügend Material übrig, um mit anderen Liebhabern zu tauschen. In der Regel sind beim Samenbezug auch die Sammellisten der verschiedenen einschlägigen Vereinigungen von Kakteenfreunden hilfreich. Außer auf diesem Weg erhält man Samen am besten über den Fachhandel.
Da es für den Anfänger zunächst schwierig ist, die Arten auszuwählen, die für die ersten Versuche am einfachsten sind, seien nachfolgend einige Gattungen genannt, deren Arten meist problemlos aus Samen gezogen werden können. Dies sind: *Rebutia, Lobivia, Echinopsis, Notocactus, Gymnocalycium, Astrophytum, Ferocactus, Mammillaria, Capiapoa, Neoporteria* und eine Anzahl *Cereus*-Arten. Mit *Parodia* und anderen Arten, die kleine Samen haben, sollte man erst arbeiten, wenn man schon einige Erfahrung hat.

Gleichgültig nach welcher Methode ausgesät wird, bleiben immer zwei Punkte, die zu beachten sind:

- Kakteen sind Lichtkeimer. Das Saatgut darf also nie so abgedeckt werden, daß die Samen im Dunkeln liegen und es darf nicht tief eingesät werden. Die Samen bleiben so weit wie möglich an der Oberfläche, mit einer Bedeckung, die höchstens der Stärke eines Samenkorns entspricht.
- Kakteen brauchen eine einwandfreie Pflanzenhygiene. Sie muß vor und nach dem Säen unbedingt sichergestellt sein.

Für den Anfänger ist es wichtig, daß alles so einfach wie möglich gehandhabt wird. Daher soll hier zuerst die Aussaat in Töpfen und in einem geschlossenen Plastikbeutel abgehandelt werden. Aus Gründen der Vereinfachung soll auch bis Anfang Mai mit der Aussaat gewartet werden. Um für einen zügigen und störungsfreien Arbeitsablauf zu sorgen, sollen die wichtigsten benötigten Materialien bereitliegen:

- Blumenerde guter Qualität
- Sauberer, scharfer Sand
- Kies mit Korngrößen 1–2 mm und 3–4 mm
- Schwarze Plastiktöpfe, niedriger Typ, Durchmesser 7 oder 7,5 cm
- Weiße Plastik-Etiketten 1,5 × 6 cm
- Weiße Plastik-Trennstreifen (aus Etiketten)
- Kleine Plastikbeutel mit Verschlußband

Auf einer Samenliste sind die zur Aussaat anstehenden Samen zusammengefaßt und mit Kenn-Nummern aufgeführt. In dieser bedeuten die ersten Ziffern die Nummern der Samenprobe/Art. Dann folgt der botanische

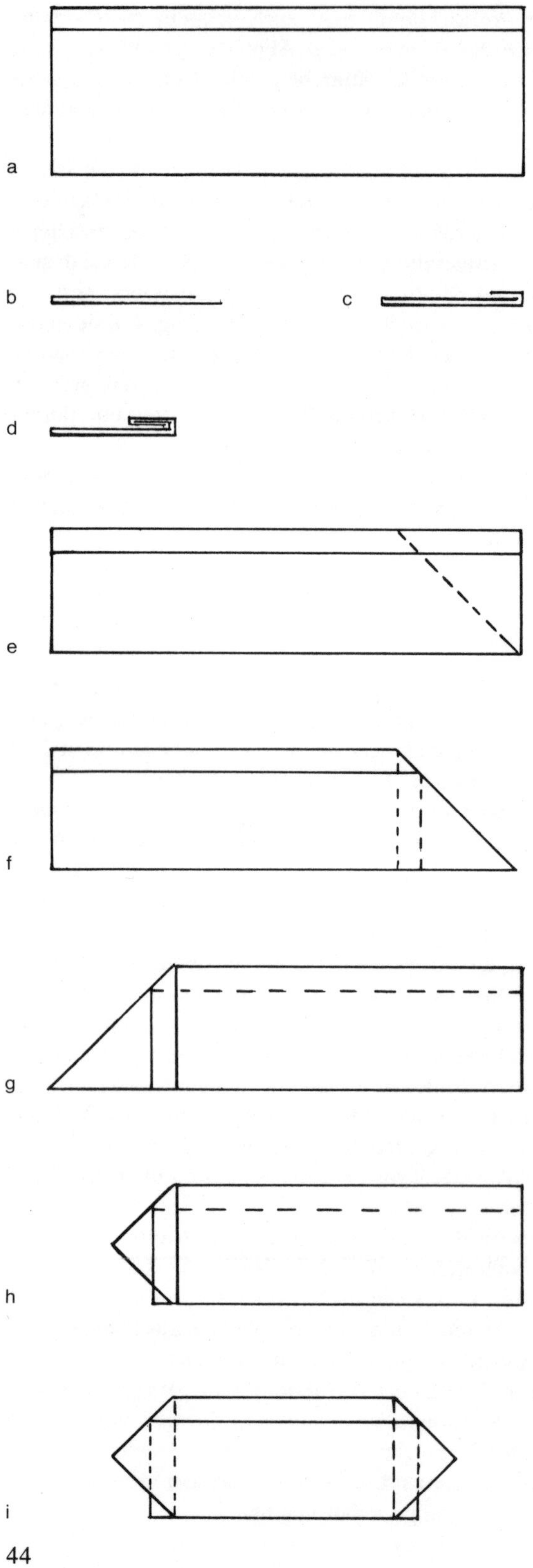

Faltung eines Samentütchens:
a Man faltet ein Stück Papier von 8×12 cm der Länge nach so, daß die eine Hälfte breiter ist als die andere.
b Situation a in Seitenansicht.
c Der Überstand (6 mm) wird über die Schmalseite geknickt,
d zusammen mit der Schmalseite noch einmal umgefaltet,
e Aufsicht auf d. Die Strichellinie zeigt den Verlauf der nächsten Faltung an.
f Faltung e ausgeführt.
g Darstellung der Situation f von der Unterseite (Strichellinie = nächster Faltungsschritt).
h Die zweite Ecke wird umgefaltet und unter den Saum geschoben.
i Das Samentütchen ist gebrauchsfertig. Nach Einfüllen der Samen werden die Ecken wie bei e und h umgefaltet und das Tütchen somit geschlossen. (Es ist empfehlenswert, das Tütchen vor dem Einfüllen der Samen zu beschriften.)

Name und ein eventuell notwendiger Zusatz. Eine solche Eintragung kann dann etwa lauten: 76–1 *Mammillaria carnea,* 20 Samen von Verein ...
Da die Etiketten für die Saattöpfchen zu groß sind, werden sie vorher der Länge nach in der Mitte durchgeschnitten. Aus der Samenliste wird nun die Nummernfolge der jeweiligen Samenprobe auf das Topfetikett mit Bleistift übertragen. Tinte eignet sich übrigens dafür nicht, da sie ausläuft und verbleicht. Auch Kugelschreiber ist ungeeignet.
Die Plastiktöpfe müssen gut mit heißem Wasser und beide Kiessorten mit kochendem Wasser ausgewaschen und anschließend getrocknet werden. Vor allem der feinkörnige Kies muß zum Überstreuen der Samen wieder vollständig trocken sein. Auch der scharfe Flußsand muß gründlich mit Leitungswasser gewaschen und evtl. mit heißem Wasser nachgespült werden. Er wird meistens aus großen Flüssen gebaggert und ist heutzutage stark verunreinigt durch industrielle Abfallprodukte. Nach diesen Vorbereitungen bringt man die benötigte Menge Blumenerde auf ein feinmaschiges Sieb. Ein großes Küchensieb eignet sich hierfür gut. Dieses Sieb hängen wir so in einen Topf mit heißem Wasser, daß das Wasser noch einige Zentimeter unterhalb des Siebes bleibt. Dann wird der Topf mit dem Deckel verschlossen und das Wasser zum Kochen gebracht. Im Anschluß an die 20minütige Kochzeit läßt man noch den Dampf entweichen und gibt dann die Erde auf eine Plastikfolie zum Abkühlen. Dabei wird sie einige Male leicht durchgearbeitet und nach völligem Abkühlen zunächst in einen Plastikbeutel gefüllt.
Die normale Topferde eignet sich nicht gleich als Saatsubstrat. Ihr muß erst noch scharfer Sand im Verhältnis 2:1 (2 Teile Erde, 1 Teil Sand) beigemischt werden. Nach ordentlicher Durcharbeitung schickt man dieses Substrat durch ein Sieb mit einer Maschenweite von 6–8 mm. Feiner sollte das Siebgut nicht sein, da es sonst für die kleinen Sämlinge zu leicht verdichtet.
Nun muß auch noch das Saatgut sorgfältig desinfiziert werden. Denn auf den Samen und an den zurückgebliebenen Resten von Samensträngen können sich immerhin leicht Schimmelpilze ansiedeln, durch die schon viel wertvolles Saatgut verlorengegangen ist. Dazu nehmen wir eine Desinfektionslösung. Der Samen wird in die Lösung getaucht und muß anschließend wieder getrocknet werden, um streufähig zu sein. Das ganze ist zwar etwas umständlich, aber es geht leidlich gut. Der Fachhandel gibt Auskunft über evtl. zur Beizung ansetzbare Pflanzenschutzpräparate.
An diese Vorbereitungen schließt sich das Beschicken der Saattöpfchen an. Dazu werden die Töpfe zunächst 1/3 mit dem Grobkies (4–10 mm) gefüllt, womit für Dränage gesorgt ist. Darüber kommt bis knapp unter den Topfrand die oben beschriebene Erdmischung. Alles wird leicht angedrückt, so daß die Bodenoberfläche ca. 5–6 mm unter dem Topfrand abschneidet. Mit den 8 mm breiten, hochkant über Kreuz gestellten Plastikstreifen, teilen wir die Bodenoberfläche im Topf in vier Sektoren. Pro Viertel können etwa 30 Samenkörner untergebracht werden. Bevor die Samen eingelegt werden, erhält jeder Sektor ein Etikett mit den nötigen Angaben.
Zum Ausbringen der Samen wird ein längliches Blatt Papier von etwa 6 × 12 cm, das dünn aber fest und glatt sein muß, der Länge nach zu einer V-förmigen Rinne gefaltet. Über diese Rinne läßt man die Samen in den vorgesehenen Sektor laufen und verteilt sie dort, indem

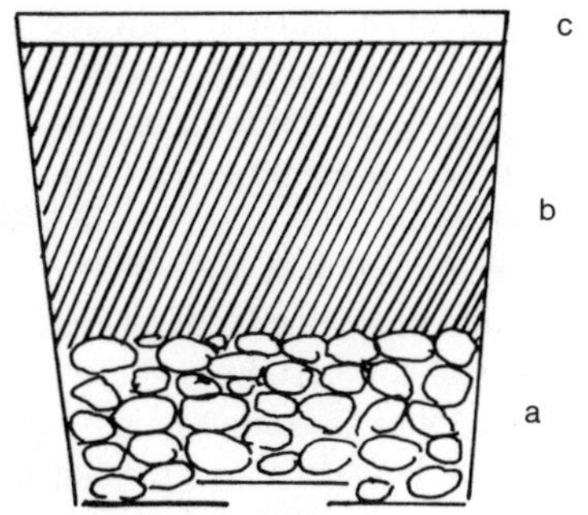

Zum Säen vorbereiteter Erdtopf
a 1/3 Kies von 4–5 mm Körnung
b 2/3 gemischte Topferde
c eine Lage Feinkies von 1–2 mm Körnung

Zur Aussaat fertiger Saattopf

man gleichzeitig leicht auf die haltende Hand klopft. Wenn alle vorgesehenen Fächer beschickt sind, streut man den feinen Kies (1–2 mm) sehr vorsichtig über die Samen, so daß sie nur eben bedeckt sind.
Man sollte bereits in die vorbereitenden Dispositionen die Überlegung einbeziehen, daß in einen Topf jeweils nur Arten ein und derselben Gattung gesät werden, weil die Wahrscheinlichkeit besteht, daß die Keimzeiten der Arten innerhalb einer Gattung weniger stark voneinander abweichen, als bei Arten anderer Gattungen. Annähernd gleiche Keim- und Auflaufzeiten und ähnliche Behandlung ersparen sicher eine Reihe von Schwierigkeiten.
Zum Abschluß des beschriebenen Arbeitsganges stellt man die Töpfe kurz in eine Schale mit einigen Kubikzentimetern abgekochtem Wasser. Danach läßt man sie noch eine halbe Stunde stehen bis das überschüssige Wasser abgelaufen ist und stellt sie dann in Plastikbeutel, die man oben verschließt. Da diese die Beobachtung der Töpfe in keiner Weise behindern, brauchen sie vorläufig nicht geöffnet zu werden. Wurden mehrere Töpfe eingesät, ist es zweckmäßig sie alle in einer flachen Schale oder einen flachen Kasten zusammenzustellen und alles an einen warmen, vor zu greller Sonne gut geschützten Platz im Gewächshaus oder in der Fensterbank zu bringen. Nordfenster sind in jedem Fall ungeeignet.
Bei genügend Feuchtigkeit in den Beuteln bildet sich bald Kondenswasser an der Innenseite. Ist diese jedoch ganz trocken, dann muß etwas abgekochtes Wasser zugegeben werden. Ein undicht gewordener Beutel muß erneuert werden.
Nach 1–2 Monaten werden die Beutel geöffnet und die kleinen Pflänzchen einer ersten Durchsicht unterzogen. Sollten sich hie und da kleine Schimmelstellen zeigen, müssen sie sehr vorsichtig abgehoben werden. Eventuell kann anschließend ein zugelassenes Pflanzenschutzmittel angewendet werden. Unter Umständen können die größten Sämlinge schon zum Pikieren herausgenommen werden. Der Rest wird leicht gegossen und mit einem handelsüblichen Pilzbekämpfungsmittel behandelt. Danach werden die Töpfe wieder in die Plastikbeutel eingeschlossen.
Die großen Sämlinge von durchschnittlich 4–6 cm Größe können jetzt bereits pikiert werden. Es würde aber keinesfalls schaden, wenn man sie noch länger in Plastikbeuteln hielte. Dazu liegen einige positive Erfahrungen mit Sämlingen und anderen kleinsamigen Arten aus Süd-Amerika vor. Nach Aussaat im Mai wurden sie erst im nächsten Jahr aus den Saattöpfen geholt und

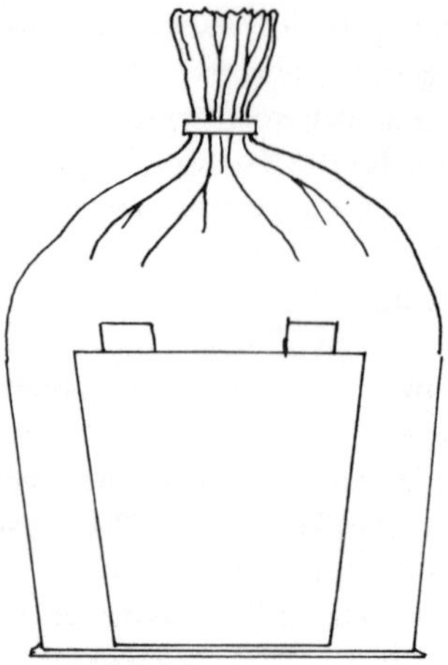

Der fertige Saattopf wird nach dem Angießen in einen Plastikbeutel eingeschlossen.

pikiert. Sie blieben während des ganzen Winters in den Plastikbeuteln im Gewächshaus bei Temperaturen von 5–10 °C.
Mit dieser Methode können wir nahezu alle Kakteensamen mit gutem Resultat aussäen. Selbst *Astrophytum*-Arten, denen man nachsagt, daß sie Wurzelbrand (eine Pilzkrankheit) bekommen, wenn nach dem Keimen der Aussaattopf oder -kasten nicht offen bleibt, lassen sich nach eigener Erfahrung in der oben angegebenen Weise behandeln. Natürlich muß regelmäßig kontrolliert werden, aber Schäden der genannten Art brauchen nicht befürchtet zu werden. Will man früher aussäen, z. B. schon im Februar, dann muß für ausreichende Bodenwärme gesorgt werden. Das geht recht gut, wenn man die Töpfe samt ihrer Plastikbeutel in eine Metallschale setzt und diese auf den Heizkörper einer Zentralheizung stellt. Die Temperatur in der Schale darf jedoch nie über 28 °C hinausgehen.

Pikieren und Pflege der Sämlinge

Sind die Sämlinge so groß, daß wir sie gut anfassen können, müssen sie in frische Erde umgesetzt werden. Wir nennen diesen Vorgang Pikieren oder Vereinzeln. Ähnlich wie bei allen anderen Pflanzen, wachsen die verschiedenen Kakteensämlinge auch nicht gleichmäßig schnell. Wir beginnen daher mit den größten Arten, die einen Durchmesser von 3–5 mm haben.
Man pikiert am besten in Kästen oder Schalen. Sehr gut

eignen sich dafür 8 cm hohe Eternitkästen mit Grundmaß 40 × 60 cm. Um bei neuen Kästen eventuelle Kalkrückstände zu beseitigen, füllt man sie einige Wochen vor Gebrauch mit Wasser, das jeden zweiten oder dritten Tag erneuert werden muß. Ein paar Hände voll Torfmull, dem Wasser beigegeben, unterstützen infolge des hohen Säuregehalts von Torfmull diese Maßnahme.
Sofern nicht schon vorhanden, müssen vor der Ingebrauchnahme in den Boden des Kastens Löcher von 10–22 mm Durchmesser gebohrt werden, um eine Vernässung der Erde unten im Kasten zu vermeiden.
Im Handel sind auch Kunststoff-Pikierkästen erhältlich. Sie sind nach dem Ausspülen mit warmem Wasser sofort gebrauchsfähig. Auch Styropor-Kästen können verwendet werden; sie sind außerdem sehr leicht und stark wärmedämmend. Wenn Bodenwärme erforderlich ist, können sie nicht benutzt werden, wohl aber für pikierte Sämlinge, die diesen Anspruch nicht stellen. Ein Nachteil dieser Kästen ist ihre meist geringe Tiefe.
Als Substrat zum Pikieren eignet sich eine gut durchgearbeitete Mischung aus zwei Teilen normaler Topferde und einem Teil gewaschenem scharfen Sand. Wegen der schnellen Verfestigung gesiebter Erde und der Gefahr rascher Veralgung soll das Substrat nicht durchgesiebt werden.
Das Substrat wird bis zu 2 cm über den Rand des Pikierkastens aufgefüllt und mit einem Brettchen von ca. 40 × 20 cm Größe leicht angedrückt, bis das Brett auf den Rand des Kastens stößt und die ganze Bodenoberfläche schön glatt ist.
Mit dem Pikieren beginnen wir am besten an der linken oberen Seite des Kastens und pflanzen von da nach unten. Vorher muß aber für jede Art ein Etikett gesteckt werden, das außer der Samennummer auch den vollständigen botanischen Namen trägt. Durch das regelmäßige Lesen bei den Kontrollen der Sämlinge ist damit gleichzeitig eine kleine Lernhilfe zum Einprägen der Pflanzennamen gegeben.

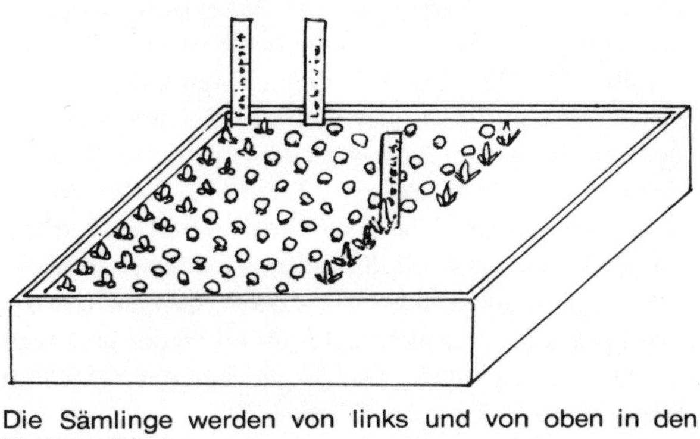

Die Sämlinge werden von links und von oben in den Kasten pikiert.

Die kleinen Sämlinge werden nun vorsichtig mit einem dünnen Stäbchen aus dem Saattopf »gewippt«. Dabei muß dieses Stäbchen tief genug in den Boden und unter das jeweilige Pflänzchen geführt werden, daß es die kleinen Wurzeln nicht beschädigt. Anhaftende, überflüssige Erde wird vorsichtig abgeschüttelt und die Wurzel senkrecht in das schmale Erdloch eingeführt, das mit dem Stäbchen vorher gemacht wurde. Während die eine Hand noch das Pflänzchen festhält, füllt und verschließt die andere mit Hilfe des Pflanzstöckchens das Loch um die Wurzel, unter leichtem Andrücken der Erde. Bei Andrücken mit den Fingern wird der Druck leicht zu stark und somit der Boden zu fest. Zum Pikieren sehr kleiner Sämlinge (z. B. 3 mm) kann statt des Pflanzstöckchens der Stiel eines dünnen Pinselchens benutzt werden. Der Pflanzabstand zwischen den erstmalig eingepflanzten Sämlingen beträgt je nach Größe 7–12 mm.
Es ist zu empfehlen, in einem Arbeitsgang immer einen ganzen Kasten fertig zu pflanzen, da am nächsten Tag die Erdoberfläche zu trocken und schwerer bearbeitbar ist. Daher wählt man zum Pikieren weniger Sämlinge selbstverständlich nur einen kleinen Kasten, dessen Rand aber ebenfalls eine minimale Höhe von 5 cm haben muß. Blumentöpfe sind zu tief; man sollte sie daher nicht nehmen. Kleine Töpfe sind noch weniger zu empfehlen, weil bei ihnen die Feuchtigkeit weniger konstant bleibt. Der Boden trocknet rascher aus, während bei zu vielem Gießen die nötigen Nährstoffe schnell ausgewaschen werden.
Wenn alle Sämlinge im Kasten stehen, können sie mit einem zugelassenen Pilzbekämpfungsmittel vorbeugend besprüht werden. Die damit verbundene Befeuchtung des Bodens fördert außerdem das Anwurzeln und regt damit das Wachstum an.
Vor dem Pikieren waren die Sämlinge in Plastikbeuteln eingeschlossen und somit an feuchte Luft gewöhnt. Um ihnen einen Übergang zu bieten und sie langsam auf die weniger feuchte Raumluft umzustellen, hat es sich bewährt, den Pikierkasten mit einer Glasscheibe abzudekken. Am besten setzt man dafür auf jede Ecke des Kastens ein Klötzchen von 1,5–2 cm Stärke und legt darauf die Glasscheibe. Um Verbrennung zu verhindern, wird ein Stück Fließpapier über die Scheibe gebreitet. Weil der Kasten nun an allen Seiten offen ist, wird die Erde gerade an den Seiten am schnellsten austrocknen. Daher muß dort mehr Wasser gegeben werden, als in der Mitte. Daß die Sämlinge im Sommer vorzugsweise

am Abend gegossen werden, hängt mit der besseren Wasserhaltung während der Nacht und der sofortigen Wasserbereitstellung am Morgen zusammen. Es ist zweckmäßig, die Glasplatte jeweils bis zum Morgen abzunehmen; das gleiche gilt bei trübem Wetter. Mit der Gewöhnung an stärkeres Licht wird nach 2–3 Wochen begonnen.
Schließlich müssen sie sich nach 4–5 Wochen ganz an das Licht und die trockene Luft gewöhnt haben und dürfen nicht mehr abgedeckt werden. Wohl müssen sie regelmäßig besprüht werden; denn der Boden muß für die jungen Sämlinge konstant feucht bleiben, um das Vertrocknen der feinen Wurzeln zu vermeiden. Nach 2 Monaten kann auch eine schwache Düngerlösung gegeben werden. Wachsen sie so schnell, daß sie Anfang August dicht aneinander stehen, können wir sie nochmals umpflanzen und weiter auseinander setzen. Dann brauchen sie nicht wieder unter Glas.
Man darf die erstmalig pikierten Sämlinge wohl warm, aber niemals in grelle Sonne stellen. Das gibt mit Sicherheit einen Fehlschlag. Ältere Sämlinge dagegen können viel Licht und Sonne vertragen. Auch ist es besser, Sämlinge, die schon öfter umgesetzt wurden, nicht zu schnell in Töpfe zu pflanzen. Man sollte lieber zuwarten bis sie einen Durchmesser von 3,5–5 cm erreicht haben, um sie dann in Töpfe der Größe 6,5 zu pflanzen. Sie entwickeln sich dann im allgemeinen besser, als wenn sie zu klein eingetopft werden.
Wenn die Sämlinge nach dem Umsetzen nicht oder zu wenig wachsen, enthält das Gießwasser zu viel Kalk oder man muß annehmen, daß mit der Erde etwas nicht in Ordnung ist. In beiden Fällen gibt es nur eine Lösung: Die Pflanzen müssen aus dem Substrat genommen und dieses so gut wie möglich von den Wurzeln entfernt werden. Dann kann wieder in gute, für Sämlinge geeignete Erde eingepflanzt werden.
Besonderer Erwähnung bedürfen die Sämlinge von *Parodia*-Arten, die im ersten Jahr sehr klein sind. Nicht nur die Kugeln sind winzig, sondern auch die Wurzeln; oft sind sie kaum wahrnehmbar. Man läßt sie am besten bis zum nächsten Jahr im Saattopf stehen, was bei der Haltung in Plastikbeuteln auch kein Problem aufgibt. Zum Auspflanzen im nächsten Frühjahr sticht man mehrere zusammen mit einem kleinen Löffel oder einer Messerspitze aus der Erde heraus, legt sie zusammen auf die Pikiererde und drückt sie ganz vorsichtig ein wenig an. Im Gegensatz zum üblichen Pflanzen bzw. Pikieren werden also vorher keine Löcher in den Boden gestochen. Auch müssen sie etwas länger unter Fließpapier gehalten werden, weil die kleinen Kügelchen zu schnell vertrocknen. Im übrigen ist die Behandlung aber wie bei anderen Sämlingen.
Zur Überwinterung können die pikierten Sämlinge bereits einen Durchmesser von 1–2 cm haben. Durch die – wenn auch nur geringen – Wassergaben im Herbst dauert das Wachstum verhältnismäßig lange an. Sie müssen aber hell und dürfen nicht zu kalt stehen (14–18 °C). Im November und Dezember können sie dann trocken gestellt werden, wobei die Erdoberfläche und die Pflänzchen schon mal leicht mit der Handspritze übernebelt werden können. Damit die Pflanzen bis zum Abend wieder abtrocknen, sprüht man am besten in den Vormittagsstunden eines hellen Tages.
Die Sämlinge der meisten Notocacteen und auch wohl die der Parodien müssen im Winter an hellen Tagen gelegentlich etwas mehr Wasser bekommen. Bei ihnen besteht sonst Gefahr, daß die Wurzelhaare ganz vertrocknen und die Pflanzen im nächsten Jahr nur schlecht oder gar nicht zum Wachsen kommen.

Vermehrung durch Stecklinge

Die Vermehrung von Kakteen durch Stecklinge wird von den meisten Liebhabern in verschiedener Weise praktiziert. Das Dornenkleid der Kakteen ist dabei ein Faktor, den auch der Anfänger sehr schnell zu respektieren weiß. Beim Abnehmen besonders größerer Seitensprosse läßt sich eine schmerzhafte unliebsame Begegnung mit den Dornen dadurch vermeiden, daß man um den Ableger z. B. eine schützende Manschette legt oder in anderer Weise die Finger schützt.
Ein Steckling ist ein Teil einer Pflanze, den wir durch Abschneiden oder Abdrehen von der Mutterpflanze abnehmen können. Bei einer ganzen Reihe von Kakteen lösen sich die Seitensprosse oder -zweige ganz leicht von der Mutterpflanze, z. B. bei *Echinopsis-*, *Lobivia-* und auch einer Anzahl *Mammillaria*-Arten schon bei gewöhnlicher Berührung. In den meisten Fällen deuten sich dann schon eine oder mehrere Wurzelspitzen an der Basis des Ablegers an. Weil die Haftstelle bei diesen Pflanzen nur sehr klein ist, schließen sich die durch das Abbrechen entstandenen Wunden schnell und schon nach 1–2 Tagen können die meist kugelförmigen Stecklinge eingepflanzt werden. Sie werden dazu leicht in die Erde gedrückt, aber nicht tiefer als bis zu der Stelle, an der die Wurzeln sitzen. Der größte Teil des Stecklings steht also noch über dem Boden.
Im Stecklingskasten, der etwa 5–6 cm hoch mit Erde

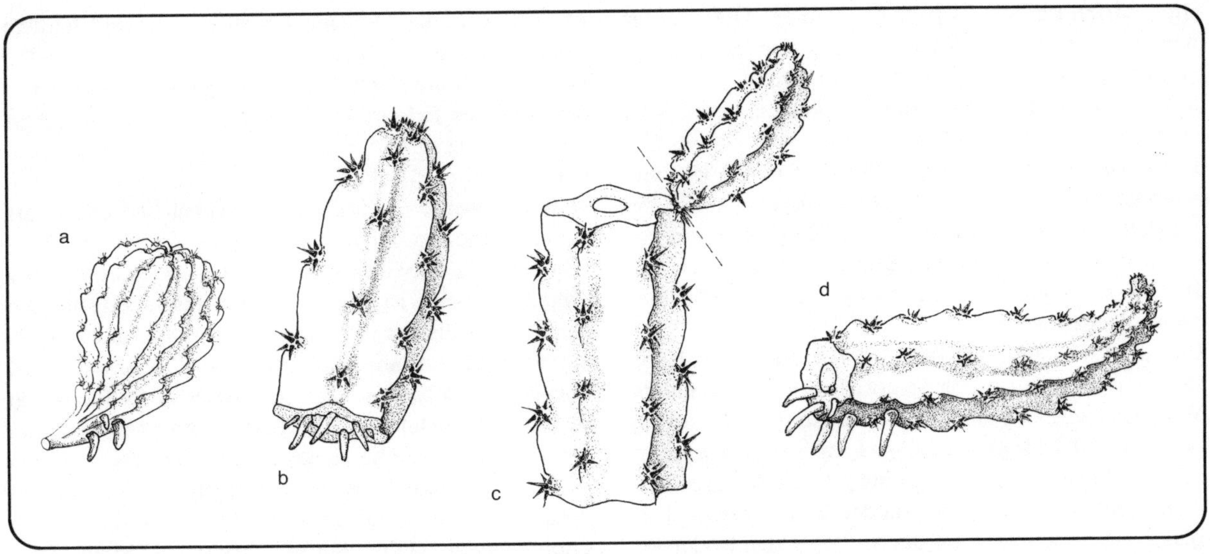

a *Echinopsis-* und *Lobivia*-Kindl lösen sich mit ihrer sehr schmalen Basis leicht ab und bewurzeln schnell.
b Ein guter, aufrecht eingesetzter Kopfsteckling kann sich ordentlich bewurzeln.
c Seitensprosse werden an der Basis mit einem scharfen Messer abgetrennt, um die Schnittwunde so klein als möglich zu halten.
d Ein flachliegender *Cereus* oder Pfropfstamm bewurzelt sich einseitig und wächst krumm.

aufgefüllt ist, setzt man die Stecklinge ziemlich dicht, mit höchstens 2 cm Abstand voneinander, zusammen. Sie bewurzeln so besser als wenn sie weiträumig gepflanzt werden. Das Substrat trocknet zudem nicht so aus, was wiederum das Wachstum beeinträchtigen würde. Dies ist auch der Grund dafür, daß Stecklinge nicht gleich eingetopft werden. Nur große Exemplare werden gleich nach dem Bewurzeln in einen Topf gepflanzt.

Manche Arten bilden ziemlich schnell kräftige Wurzeln aus und es kann vorkommen, daß der Steckling dadurch hochgedrückt wird. In einem solchen Fall lockert man die umgebende Erde ein wenig auf, drückt den Steckling vorsichtig etwas tiefer ein und füllt mit einer kleinen Menge frischer Erde nach.

Wenn im Verlauf von 1–2 Monaten die Stecklinge gut angewachsen sind, topft man die größten ein. Die kleineren werden erneut in einen Kasten gesetzt, nur etwas weiter auseinander, um den Wurzeln Gelegenheit zu geben sich weiter zu entwickeln und auszubreiten. Die Erde kann ein Gemisch sein von 4 Teilen Topferde, 2 Teilen Sand und 1 Teil Torfmull. Zum Eintopfen der bewurzelten Stecklinge eignet sich eine Mischung von 4 Teilen Topferde und 1 Teil Sand.

Nicht bei allen Pflanzen lassen sich die Seitenzweige so bequem ablösen, wie das oben beschrieben wurde. Sie müssen dann abgeschnitten oder abgedreht werden. Beim Abdrehen werden aber oft die Gefäßbündel beschädigt und die Stecklinge haben dann viel Mühe sich wieder zu erholen. Die bessere Methode ist daher das Schneiden. Der Seitentrieb wird dabei vorsichtig etwas nach unten gedrückt. Die Wunde ist dann klein und glatt, so daß Steckling sowie Mutterpflanze nicht wesentlich beschädigt werden.

Zu kleine Seitensprosse sind nicht genügend ausgereift und dürfen nicht abgenommen werden. Am besten sind Triebe, die mindestens 1 Jahr alt sind. Abgeschnittene Stecklinge läßt man längere Zeit zum Trocknen und zur Wurzelbildung liegen. In den ersten 3–4 Tagen müssen sie auf der Seite liegen, damit die Schnittwunde gut trocknen kann. Gleichzeitig bildet sich ein Kallusgewebe, das die Wunde abschließt und den Steckling vor Außeneinflüssen schützt. Nach 4 Tagen stellt man die abgeschnittenen Seitensprosse auf ihre Basis. Sind es mehrere Exemplare, dann können sie gegeneinander gelehnt in einen kleinen Holzkasten gesetzt werden. Sie kommen dann an einen hellen warmen Standort, jedoch nicht an die Sonne.

Im Verlauf einiger Wochen, bisweilen erst nach 2 Monaten, entwickeln sich an der Basis die Wurzelspitzen. Sowie diese 3–5 mm lang sind, pflanzen wir die Stecklinge wie vorher beschrieben ein. In den ersten 2 Wo-

chen dürfen sie kein Wasser bekommen. Die Erde ist feucht genug und die Wurzeln bilden sich im allgemeinen besser in trockener als in nasser Erde.
Mit dem normal abgeschnittenen Steckling können wir auch den Kopf eines Pfropfstammes vergleichen. Bekanntlich schneidet man zum Pfropfen den Kopf eines Stammes bis auf 4–5 cm ab. Diese Kopfstecklinge behandelt man nun genauso, wie es oben für die abgeschnittenen Seitentriebe beschrieben wurde. Nach dem Bewurzeln können sie wieder zu guten Pfropfstämmen herangezogen werden.
Es gibt Liebhaber, die den unteren Rand des Kopfstecklings rundherum schräg abschneiden, wodurch die Wurzelbildung ringsum eine regelmäßigere Verteilung erfahren soll. Eine gleichmäßige Entwicklung kann man auch dadurch erreichen, daß man die Stecklinge senkrecht stellt. Wenn sie länger auf der Seite liegen bleiben, bilden sie da Wurzeln, wo der Steckling den Boden berührt und die Wachstumsspitze wird sich dann nach

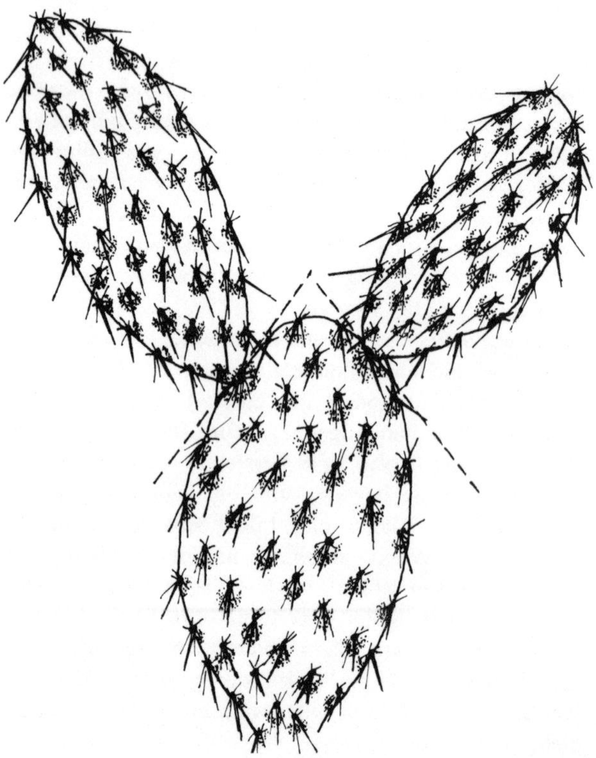

Auch bei Opuntien werden die Scheiben möglichst dicht an der Basis geschnitten. Um krummen Wuchs zu vermeiden, müssen sie gerade eingesetzt werden. Im allgemeinen bewurzeln sich Opuntien sehr schnell.

oben biegen. Der Steckling wird krumm und häßlich weiterwachsen.
Obwohl sich auf der Schnittfläche genügend Kallus bildet, lehrt die Erfahrung, daß bei großen Schnittflächen die Infektionsgefahr beträchtlicher ist als bei kleineren. Sehr gut durch Stecklinge können auch *Opuntia*-Arten vermehrt werden. Auch hier soll versucht werden, die Schnittfläche so klein wie möglich zu halten. Man schneidet die Scheiben ganz dicht an der Basis ab. Jede *Opuntia*-Scheibe ist ja eine Wachstumseinheit, die sich in einer Wachstumsperiode voll entwickelt hat und im darauffolgenden Jahr nicht größer wird. Man wählt also überjährige Scheiben, die gut ausgereift sind und legt sie nach dem Schneiden 2 Tage zum Trocknen flach hin. Danach setzt man sie senkrecht mit der Basis auf den Boden eines Kistchens. Das Aufrechtstehen ist unbedingt notwendig, da sie sich liegend unwiderruflich krummbiegen. Haben sie sehr kräftige Dornen, dann sollte man Papierbäuschchen zwischen die Scheiben klemmen, um Beschädigungen zu verhüten. Scheiben von *O. microdasys*, die keine Dornen, jedoch viele Glochiden haben, hält man zweckmäßigerweise mit Fließpapier auseinander.
Die *Opuntia*-Scheiben bewurzeln sich ziemlich schnell. Und weil sie bereits ganz ausgewachsen sind, können sie auch gleich in einen passenden Endtopf eingepflanzt werden. Dabei muß man darauf achten, daß höchstens ein Fünftel der Scheibe in den Boden kommt. Steht der Steckling am Anfang etwas locker, dann kann man ihn an beiden Seiten mit Pflanzstöckchen abstützen.

Stecklingsvermehrung bei Blattkakteen

Phyllocactus- und *Epipyhllum*-Arten können sehr gut durch Stecklinge vermehrt werden. Die Hybriden dieser Gruppe werden alle so vermehrt, schon deshalb, weil man typengleiche Pflanzen zu bekommen wünscht. Der günstigste Zeitpunkt für die Stecklingsbildung ist im Frühjahr; aber auch im August sind noch gute Resultate zu erwarten. Zum Schneiden kommen vor allem gut ausgewachsene mehrjährige Triebe in Frage. Manche Hybriden haben sehr lange Triebe, die man dann sogar in mehrere ca. 15–20 cm lange Stücke zerlegen kann. Nach dem Schneiden bleiben sie 4–6 Tage liegen. Danach werden sie in ein Gemisch von 1 Teil Topferde, 1 Teil Torfmull und 1 Teil scharfen Sand gepflanzt.
An den Kanten der blattähnlichen Triebe sieht man eine Anzahl von Einschnürungen, an denen sich die Areolen befinden. Wir pflanzen die Stecklinge so tief,

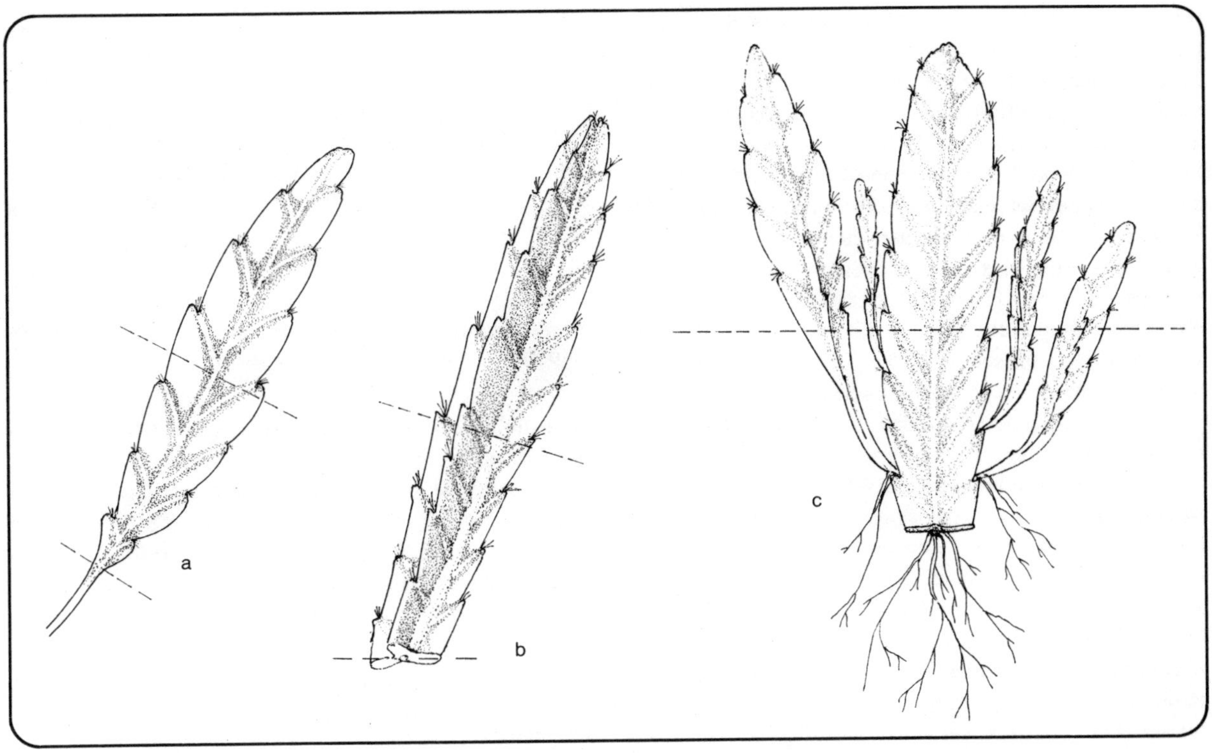

daß mindestens 4–7 Areolen vom Substrat abgedeckt sind. Die ersten 2–3 Wochen nach dem Pflanzen wird nicht gegossen. Ab und zu kann aber leicht gesprüht werden. Sowie sich erkennen läßt, daß die Stecklinge Wurzeln haben, beginnen wir vorsichtig mit dem Gießen. In den meisten Fällen werden nun aus den Areolen die unter der Erde sitzen, neue Seitentriebe kommen, die nach 4–8 Wochen herauszuspitzen beginnen. Sollten inzwischen aus dem oberen Teil des Stecklings auch Seitentriebe gewachsen sein, so schneiden wir diese kurzerhand ab. Sie sind ohnehin zu dünn und zu klein und entziehen obendrein dem unterirdischen Austrieb Nahrung.

Dieser Austrieb bildet schon bald selbst Wurzeln und wächst dann auch schnell, so daß man am Ende der Wachstumsperiode im Oktober eine schön geformte Pflanze mit 3–6 kräftigen Trieben haben kann.

Beim Umtopfen dieser Pflanzen im nächsten Frühjahr schneidet man den alten oberirdischen Teil des Stecklings knapp über dem Substrat mit einem scharfen Messer ab und desinfiziert die Schnittstelle. Man wird feststellen, daß der alte Trieb sehr hart sein kann. Wenn die Wunde ganz trocken ist und sich die Erde im Topf nach einigen Wochen etwas gesetzt hat, wird soviel Erde

Stecklingsvermehrung bei Phyllocacteen:
a Von einem gut ausgewachsenen Sproß werden mindestens 15–20 cm lange Stücke geschnitten.
b Dies gilt ebenso für dreiflügelige Triebe.
c Ausreichend tief (d. h. bis zur Strichellinie) gepflanzte Stecklinge, bilden unter der Erdoberfläche mehrere Triebe und liefern damit buschige Pflanzen.

nachgefüllt, daß der alte Steckling ganz im Boden verschwindet. Wir haben nun eine einwandfreie Pflanze, die mit etwas Glück im nächsten Jahr große prächtige Blüten zeigen kann.

Im allgemeinen wollen die Phyllocacteen nicht zu warm stehen, ganz sicher nicht in greller Sonne. Im lichten Schatten eines kleinen Strauches können sie im Sommer auch im Freien stehen. Allerdings muß man dann auf Schnecken achten, die bei Phyllocacteen großen Schaden anrichten können.

Bei der Vermehrung von *Zygocactus, Epiphyllanthus, Rhipsalidopsis* u. a. geht man etwas anders vor. Im Frühjahr werden Glieder von einer großen Pflanze vorsichtig abgedreht, was hier günstiger ist, weil die Glieder nur ganz kleine Haftstellen haben und damit kaum eine Wunde gesetzt wird. Es müssen mehrjährige Glie-

der sein, an denen sich bereits zwei oder mehr neue Glieder gebildet haben. Der abgedrehte Steckling braucht nicht zu trocknen. Noch am selben Tag kann man ihn in das Pflanzsubstrat bringen, das sich aus 3 Teilen feinem Torfmull und 1 Teil Sand zusammensetzt. Der Torfmull muß von feiner Struktur sein, da sonst die zarten Glieder schlecht gesteckt werden können. Die Stecklinge setzt man in Reihen dicht beieinander. Ungefähr die Hälfte des unteren Gliedes darf im Torfmull verschwinden. Der Pflanzkasten erhält Bodenwärme, so daß eine Temperatur von ca. 22–28 °C erreicht wird. Die Stecklinge müssen jeden Tag besprüht werden. Damit der Torfmull nicht austrocknet, kann ab und zu mit feiner Brause gegossen werden. Steht der Kasten in einer sehr trockenen Umgebung, dann ist es dienlich, über ihn eine Haube aus Plastikfolie zu bauen. Nach ca. 3 Wochen sind alle Stecklinge angewurzelt und können langsam abgehärtet werden. 2 oder 3 Wochen danach werden sie dann in ein Gemisch von 4 Teilen Topferde, 2 Teilen Torfmull und 1 Teil Sand eingetopft. Weil die Pflanzen dieser Gruppe immer nach einer Seite überhängen, pflanzt man am besten 2–3 Stecklinge so zusammen, daß die hängende Seite nach außen gerichtet ist. Die Pflanzen verlangen im allgemeinen etwas mehr Feuchtigkeit und haben ihre Ruheperiode im August. Sie werden dann trocken und kühl gehalten. Ende September, Anfang Oktober zeigen sich die ersten Knospen. Im Dezember oder Januar können viele, ja selbst hunderte von Blüten zu gleicher Zeit blühen. *Rhipsalidopsis* und verwandte Arten setzen im Januar Knospen an und blühen von April bis Mai.
Ausgenommen bei der Stecklingsbewurzelung gedeihen die Gliederkakteen bei mäßiger Temperatur und nicht zu viel Sonne am besten.

Stecklinge von monströsen Pflanzen

In der Gattung *Cereus* und noch einigen anderen Gattungen kommen oftmals monströse Pflanzen vor. Es handelt sich dabei um Formen, deren Bauplan in irgend einer Weise gestört ist. Einige dieser Pflanzen zeigen jedoch ein immer wiederkehrendes Entwicklungsmuster. Pflanzen dieser Gruppe können sehr gut durch Stecklinge vermehrt werden. Man trennt von der alten Pflanze nicht zu kleine Stücke ab und achtet darauf, daß mindestens ein Vegetationspunkt vorhanden ist. Die Abschnitte werden zum Trocknen ausgelegt und nach 2–5 Wochen erscheinen an der Unterseite die neuen Wurzelspitzen. Sowie diese 4–5 mm lang sind, pflanzt man die Stecklinge in einen sehr nährstoffreichen Boden. Schon innerhalb 1 Woche ist der ganze Topfballen voller neuer Wurzeln. Nun können sie gegossen werden. Einmal gut in Gang, werden sich die Pflanzen bei viel Wärme und Wasser zu auffallend kräftigen Exemplaren entwickeln. Ab Mitte September härten wir sie ab und geben kein Wasser mehr.

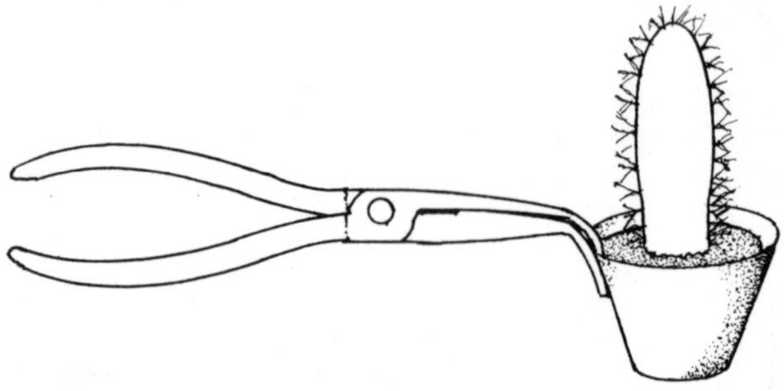

Zum Herausnehmen besonders kleiner Töpfe eignet sich eine Zange mit abgebogenen Backen.

Pfropfen

Sehr viele Pflanzen werden von den Kakteenliebhabern gepfropft und man kann sich nun fragen, ob das immer notwendig ist. Die Ansichten gehen weit auseinander: Für manche Kakteenfreunde taugt die Pflanze offenbar erst etwas, wenn sie gepfropft ist, andere dagegen lehnen überhaupt gepfropfte Pflanzen ab. Man muß daher grundsätzlich die Frage stellen, warum Kakteen überhaupt gepfropft werden. Betrachten wir die Familie der Kakteen in ihrer Gesamtheit, so zeigt sich, daß viele Arten bestimmt nicht gepfropft werden müssen. Es gibt aber auch einige Arten, bei denen aus verschiedenen Gründen Pfropfung doch angezeigt ist. Dafür lassen sich mehrere Gründe anführen, z. B.:

1. Arten mit einem schwachen oder empfindlichen Wurzelsystem Das sind oft Pflanzen, die eine spezielle Bodenzusammensetzung verlangen. Weil wir diese nicht kennen und ebensowenig das Milieu in dem die Pflanzen wachsen müssen, ist es oft sehr schwierig, die richtigen Bedingungen zu schaffen. Im allgemeinen hat das einen Rückschlag für das Wurzelsystem zur Folge. Möchten wir diese Pflanzen mit ihren schwachen Wurzeln doch kultivieren, dann müssen wir den Kunstgriff des Pfropfens anwenden.

2. Sehr langsam wachsende Arten Es gibt Kakteen, die auf eigener Wurzel sehr langsam wachsen. Es kann Jahre dauern bis z. B. Sämlinge von *Encephalocarpus*, von *Ariocarpus* und von *Roseocactus* eine gewisse Größe erreichen. Diese Kakteen können besser auf einen passenden Pfropfstamm gesetzt werden. Da diese Arten zu den schwierigen Blühern gehören, eignen sie sich nicht für Anfänger und man sollte sich mit ihnen erst befassen, wenn man viel Erfahrung gesammelt hat.

3. Arten die schlecht überwintern Es gibt eine Anzahl Arten, die aus warmen Gegenden kommen und hier im Winter verkümmern. Oft sterben die Wurzeln ab und wir haben viel Mühe, diese Pflanzen, auch wenn sie noch am Leben sind, im nächsten Frühjahr wieder zum Wachsen zu bringen.
Werden diese Arten aber gepfropft, dann erhöht sich die Chance sie durchzubringen. Zu dieser Gruppe gehören die tropischen Arten von *Melocactus* und auch eine Anzahl Säulenkakteen.

4. Gefahr für die Pflanzen Es kann vorkommen, daß eine Pflanze langsam abstirbt, aber einzelne Teile von ihr noch ganz in Ordnung sind. Dies kann zu einem ganz ungünstigen Zeitpunkt geschehen, der eine neue Wurzelbildung sehr in Frage stellt. Möchte man diese Art dann doch retten, muß man die übriggebliebenen Stücke pfropfen. Im Winter macht man das am besten im geheizten, trockenen Zimmer. Im Gewächshaus mißglückt es meistens.

5. Zur Beschleunigung der Blühfähigkeit Manche Arten blühen, wenn sie gepfropft sind, 1–2 Jahre früher und oftmals auch reicher als in ungepfropftem Zustand. Daneben gibt es andere Arten, bei denen das Pfropfen wiederum diese Rolle nicht spielt. Sie blühen genau so reich wie die gepfropften Pflanzen. Bei guter Behandlung können die Bestachelung und die Behaarung bei ungepfropften Pflanzen sogar noch schöner sein.

6. Wirtschaftliche Gründe Sie sind oft das Motiv, wenn zu Recht oder Unrecht gepfropft wird. Viele gepfropfte Pflanzen, die im Handel angeboten werden, könnten genausogut auf eigener Wurzel wachsen. Sie werden jedoch gepfropft, weil ihr Preis viel höher ist als der für ungepfropfte Ware. Daher sei davor gewarnt, zu schnell allerlei gepfropfte Pflanzen zu kaufen. Man sollte lieber selbst das Pfropfen lernen, wobei es wichtig ist, daß man auch die passenden Pfropfunterlagen selbst zieht.

Die Pfropfunterlage

Einige Kakteenarten eignen sich sehr gut als Unterlage. Es sind im allgemeinen grüne Pflanzen mit einem guten Wachstumsvermögen. Sie müssen gute und starke Wurzeln haben und wenig anfällig gegen Krankheiten sein. *Trichocereus spachianus* (Lem.) Ricc. ist eine Art, auf der hauptsächlich gepfropft wird. Die Unterlage verwächst schnell mit dem Pfröpfling und besonders in den ersten 2–3 Jahren geht alles sehr gut. Dann fängt jedoch die Oberhaut an, sich braun zu verfärben. Das Chlorophyll (Blattgrün) verschwindet und der Stamm beteiligt sich nicht mehr an dem für die Pflanze äußerst wichtigen Photosynthesevorgang, den der Pfröpfling nun alleine bewältigen muß. Manchmal werden auch kleinere Pfropfstämme mit einem Durchmesser von 2–3 cm genommen. Wenn der Pfröpfling sich so entwickelt, daß die Unterlage fast überdeckt wird, läßt man diese immer mehr im Boden verschwinden, bis sie schließlich nicht mehr zu sehen ist. Manche behaupten, daß so der Pfropfstamm ein Teil der Wurzel ist. Das ist natürlich nicht richtig. Wohl wird das Gewebe fester, aber der Stamm bleibt – auch wenn er unter der Erde versteckt wird – ein überirdischer Teil der Pflanze.
T. spachianus ist sehr anfällig für Wurzelläuse. Wenn diese mit an der Pflanze überwintern, muß man damit rechnen, daß alle Wurzeln verloren gehen. Es ist sehr schwierig, die Pflanze dann wieder zu bewurzeln.
Noch empfindlicher reagieren diese Pflanzen auf Wurzelälchen. Viele große Pflanzen, die auf *T. spachianus* gepfropft waren sind infolge des Älchenbefalls eingegangen. (Hierüber und auch über Wurzelläuse im Kapitel »Schädlinge und Krankheiten«).
Die Unterlage bildet Seitentriebe meistens an der Basis, aber auch direkt unter dem Pfröpfling. Bei letzteren gibt es nur eines: sie so schnell wie möglich wegzuschneiden, da sonst die Gefahr besteht, daß der Pfröpfling weggedrückt wird. Die Unterlage verträgt sehr gut Wärme, jedoch im Winter nicht viel Kälte, schon gar nicht, wenn der Boden auch noch naß und die Luftfeuchtigkeit hoch ist.
Mit einiger Vorsicht und etwas Aufmerksamkeit erweist sich *T. spachianus* im ganzen als eine gute Pfropfunterlage. Am besten eignet er sich in Verbindung mit *Cereus*-artigen wie *Espostoa*-Arten, *Haageocereus*-Arten und schwächeren Arten wie *Hertrichocereus beneckii* (Ehrenb.) Backbg. oder *Marchallocereus thurberi* (Eng.) Backbg. und *Oreocereus*-Arten. Für diese müssen wir schon kräftige Unterlagen wählen, um Abbrechen oder Krummwuchs zu vermeiden.

Neben *Trichocereus spachianus* kann auch *T. schickendantzii* (Web.) Br. et R. eingesetzt werden, und zwar vor allem für kleinere Arten, die sich stark verzweigen, wie *Rebutia, Digitorebutia, Mediolobivia,* verschiedene Arten von *Lobivia* und *Mammillaria. T. schickendantzii* ist eine weiche Unterlage, die schnell wächst und sich kräftig verzweigt. Letzteres ist weniger angenehm, weil im ersten Jahr nach dem Pfropfen regelmäßig die Seitentriebe weggenommen werden müssen. Dies ist allerdings ziemlich einfach, da die Haftstellen an dem alten Stamm recht klein sind. Sind die gepfropften Stücke erst einmal gut im Wuchs, dann werden die Verzweigungen an der Unterlage weniger. Das Pfropfen auf diese Stämme ist problemlos und das Ergebnis prächtig. Die Behandlung ist wie bei *T. spachianus.* Im Sommer verlangt *T. schickendantzii* aber mehr Feuchtigkeit.
Der Stamm von *T. schickendantzii* eignet sich nicht zum Pfropfen von *Cereus*-Arten. Die Pfröpflinge wachsen zunächst zwar gut, aber nach 1–2 Jahren beginnen sie bei zunehmender Länge auf dem weichen Gewebe des Unterstammes schief zu liegen und brechen manchmal sogar ab.
Andere *Trichocereus*-Arten, die als Pfropfstamm gebraucht werden können, sind u. a. *T. macrogonus* (S. D.) Ricc. für kräftige Pfropfpartner und *T. pachanoi* Br. et R. Letzterer ist ebenfalls gut, macht aber viele Seitentriebe an der Basis und höher. Sie brechen durch die Oberhaut, so daß nach dem Abschneiden große Wundstellen entstehen.
Um ausreichend Pfropfstämme zur Verfügung zu haben, säen wir am besten *T. spachianus* und auch andere Arten sehr früh im Jahr auf warmen Boden (Gewächshaus) selbst aus. Die Sämlinge werden so bald als möglich pikiert. Im ersten Jahr verpflanzt man wenn möglich 2–3 mal. Die Erde muß viel Nährstoffe enthalten und gut gegossen werden. Die Pikierkästen sollen warm stehen, jedoch nicht in greller Sonne. Mitte September wird mit dem Abhärten begonnen. Nach der Winterpause müssen die Sämlinge bereits Anfang Februar in frische Erde gesetzt werden, verbleiben aber immer noch in Kästen. Auch jetzt sollen sie wieder so warm wie möglich stehen, bei einer Temperatur von ca. 22–28 °C. Wir beginnen mit wenig Wasser, erhöhen aber die Wassermenge ziemlich schnell. Ab Ende März werden sie bei viel Wärme voll gegossen. Mitte Mai oder Anfang Juni werden sie dann nochmals in nahrhafte Erde umgesetzt. Ab Anfang August gibt man den Pflanzen, die schon eine Länge von 6–8 cm haben, weniger Wasser und stellt sie bei viel frischer Luft etwas kühler. Ganz abgehärtet gehen sie nun in ihren zweiten Winter. Nach der Winterruhe pflanzt man die größten Sämlinge in Töpfe von 7,5 cm Durchmesser. Wegen ihrer ziemlich kleinen Basis setzen wir die Pflanzen etwas tiefer in den Boden, damit sie fester stehen. Die restlichen Pflanzen können noch 1 Jahr in den Kästen bleiben bis sie groß genug zum Umtopfen sind. Die umgetopften Unterlagen werden an einen luftigen und sonnigen Platz gestellt und normal weiterkultiviert. Die größten Exemplare von ca. 10 cm Länge können bereits als Unterlagen benutzt werden.
Eriocereus jusbertii (Reb.) Ricc. ist eine sehr gute Pfropfunterlage. Er bleibt jahrelang grün und obwohl sich die Wurzeln nicht so kräftig entwickeln, werden sie nur selten oder nie von Älchen befallen. Sehr wichtig ist die Tatsache, daß diese Art gut überwintert, auch wenn der Boden einmal etwas zu feucht ist. Im Sommer braucht *E. jusbertii* etwas weniger Wärme als *Trichocereus spachianus.* Er wird mit Abstand am häufigsten als Unterlage für Kugelkakteen eingesetzt. Dabei spielt auch eine Rolle, daß die aufgepfropften Pflanzen schnell zum Blühen kommen. Die wenigen Seitentriebe, die *E. jusbertii* ausbildet, zeigen sich meistens kurz unter dem Pfröpfling. Man muß sie gleich entfernen.
E. jusbertii kann aus Samen gezogen werden; man verfährt dabei wie bei *T. spachianus.* Im zweiten Jahr ist diese Art noch wuchsfreudiger als *T. spachianus.*
Auf Sämlinge sollte man nicht so bald pfropfen, weil sie an der Basis viel zu dünn bleiben. Bei gutem, nahrhaftem Boden, werden die Köpfe aber im zweiten Jahr kräftig heranwachsen. Der Durchmesser kann schon 2,5–3 cm betragen. Die Länge variiert zwischen 8 und 12 cm. Sehr oft wachsen die Sämlinge, vor allem an der Basis sehr krumm. Auch das ist ein Grund, weshalb man auf Sämlinge nicht pfropft. Vielmehr köpfen wir sie, indem wir die dicken Köpfe in einer Länge von 5–6 cm abschneiden. Diese Köpfe werden nun wie normale Stecklinge behandelt (siehe Kapitel »Stecklinge«). Im Sommer bewurzeln sich die Köpfe innerhalb von 3 Wochen. Wenn die Wurzelspitzen 4–5 mm lang sind, muß umgetopft werden. Sobald die Wurzeln sich gut zu entwickeln beginnen, gibt man ordentlich Wasser. Ende September haben die Pflanzen eine beachtliche Länge und Dicke erreicht und müssen nun gut abgehärtet werden. Nach der Winterruhe topft man um und läßt sie zügig wachsen. Nach 1–1½ Monaten kann man sie dann zum Pfropfen gebrauchen. Die unteren Stücke der Sämlinge, die nach dem Schneiden übrig bleiben, wirft man nicht weg, sondern zieht sie einfach weiter. Genau so schnell wie die Köpfe Wurzeln bilden, sieht man wie auf einer der obersten Areolen neue Sprosse austreiben.

Von diesen unteren Stücken, auch Mutterpflanzen genannt, können bei gutem Boden, bei Wärme und viel Wasser, bestimmt 4 Jahre lang regelmäßig Stecklinge geschnitten werden.
Helianthocereus grandiflorus (Br. et R.) Backb. und *Trichocereus schickendantzii* (Web.) Br. et R. sind weiche Stämme. Sie werden für *Mammillaria*-Arten benutzt. Beide verwachsen gut mit den Pfröpflingen, die auch bald zu blühen beginnen. Leider wird die Eignung dieser Unterlagen dadurch etwas eingeengt, daß sie sehr viele Seitentriebe ausbilden. Über die Seitentriebe erfolgt bei diesen Arten im allgemeinen die Vermehrung.
Verschiedene *Echinopsis*-Arten werden vor allem zum Pfropfen von Sämlingen benutzt. Als richtige Unterlagen sind sie weniger geeignet. Ihre Vermehrung geschieht durch Stecklinge und aus Samen.
Empfindliche *Opuntia*-Arten werden auf grüne und kräftig wachsende andere Opuntien gepfropft. Eine davon ist *Opuntia bergeriana* Web., auf deren gut ausgewachsenen Scheiben auch andere Kakteen gepfropft werden können. Die Pfropfunterlagen werden durch Stecklinge vermehrt.
Kleine *Pereskia*-Unterlagen dienen zur Pfropfung von *Zygocactus, Epiphyllanthus, Epiphyllopsis* und anderen Gliederkakteen. Die Unterlagen vermehrt man durch Aussaat und Stecklinge.
Im Handel sieht man oft allerlei bunte Kakteen auf dreikantige Stämmchen gepfropft. Meist handelt es sich dabei um *Hylocereus trigonus* (Haw.) Seff., auf den eigentlich alles ohne viel Mühe gepfropft werden kann. Trotzdem ist diese Art als Unterlage vollkommen ungeeignet. Da die Pflanze nämlich sehr kälteempfindlich ist, gehen im Winter allzuleicht die kleinen Unterlagen mitsamt ihren Pfröpflingen ein.
Der richtige Standort für die noch nicht verwendeten Pfropfunterlagen ist sehr wichtig. Aber nur allzuoft sieht man sie in irgendeiner Ecke stehen. Das ist jedoch die schlechteste Stelle, die man sich denken kann. Nur von einem ausgesuchten Platz im Gewächshaus mit viel Licht, Luft und Wärme, wird man kräftige und gut entwickelte Pflanzen erwarten dürfen. Gesunde Unterlagen sind tatsächlich das A und O für gepfropfte Pflanzen und sie müssen daher gut behandelt werden. Mutterpflanzen brauchen ja auch einen guten Platz, will man öfter Stecklinge von ihnen abschneiden.
Natürlich kann man auch im Wohnhaus einige Pfropfstämme kultivieren. Hierbei vermag im Sommer ein kleiner Kasten, den man auf einem sonnigen Balkon halten und bei schlechtem Wetter abdecken kann, gute Dienste zu tun.

Der Vorgang des Pfropfens

Die Monate April und Mai eignen sich am besten zum Pfropfen. Die Luftfeuchtigkeit ist dann niedrig und die Gefahr eines Pilzbefalls geringer. Am wenigsten geeignet ist der August. Bei hoher Luftfeuchtigkeit ist dann der Schimmelbefall sehr groß. Im Notfall kann sogar im Winter gepfropft werden. Die Pflanzen müssen dann aber warm gestellt werden, z. B. über einen Heizkörper.
Schon einige Tage bevor wir mit dem Pfropfen beginnen, suchen wir die betreffenden Unterlagen aus. Auch die Pflanzen, die wir aufpfropfen wollen, stellen wir zur Seite. Beide überbrausen wir kurz mit einer verdünnten Lösung eines amtlich zugelassenen Pilzbekämpfungsmittels.
Helles, sonniges Wetter eignet sich am besten zum Pfropfen. Bei kaltem und trübem Wetter sollte man diese Arbeit lieber aufschieben. Liegt die Außentemperatur über 18 °C, dann sollte man im Freien arbeiten. Das hat den Vorteil, daß, wenn der Pfröpfling erst einmal gut aufgesetzt ist, der Wind und die frische Luft für schnelles Trocknen der Wunde sorgen.
Gepfropft werden können große Sämlinge oder Seitentriebe von älteren Pflanzen. Das zum Schneiden benutzte Messer muß scharf, breit und vor allem rostfrei sein. Beim Schneiden darf nicht »gesäbelt« werden. Der Schnitt muß glatt und ziehend durchgeführt werden. Keinesfalls darf das stillgehaltene Messer durch die Gewebe gedrückt werden, da diese bei ihrer Zartheit hierdurch zerdrückt würden.
Zum Schneiden wird die Pfropfunterlage auf den Rand einer Holzplatte gelegt. Der Topf wird dabei mit der einen Hand seitlich der Platte gehalten, mit der anderen Hand schneidet man von der ca. 10 cm langen Unterlage ein etwa 6 cm langes Stück ab. Bei einem guten Stamm wird die Schnittfläche nicht oder kaum einsinken. Geschieht dies unverhofft doch, dann muß nach kurzer Pause noch einmal eine Scheibe von wenigen Millimetern Stärke weggeschnitten werden.
Nun schneiden wir den Kopf der aufzupfropfenden Pflanze auch ab. Von einer kleinen Kugel mit einem Durchmesser von 3 cm dürfen wir nicht mehr als $^1/_2$–1 cm abschneiden. Wir sehen nun in der Mitte der Schnittflächen, sowohl der Unterlage als auch des Pfröpflings, einen Ring. In ihm laufen die Gefäßbündel, die für den Wasser- und Nahrungstransport von und zu den Wurzeln sorgen.
Der Pfröpfling muß nun so auf die Unterlage gesetzt werden, daß sich beide Ringe mindestens an einer Stelle treffen. Die Gefäßbündel können dann jedenfalls teil-

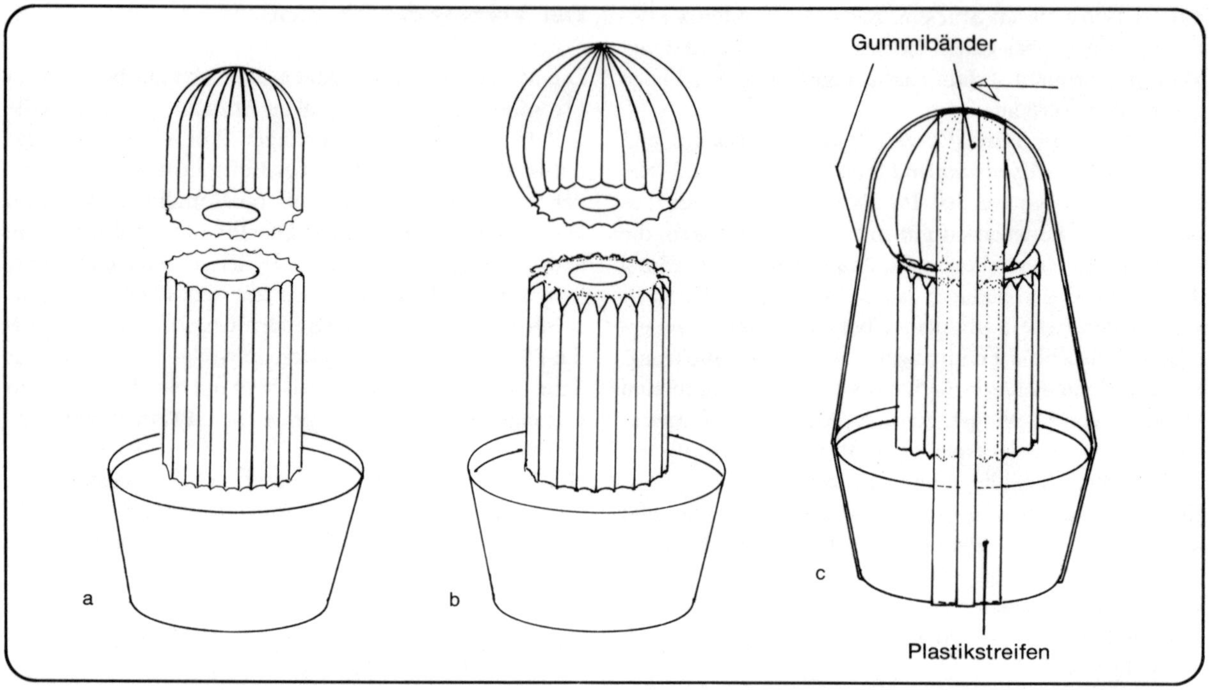

Schematische Darstellung des Pfropfvorganges:
a Der Schnitt muß ganz eben und glatt sein.
b Am Rand werden die Rippen nach unten abgeschrägt.
c Der Pfröpfling muß in der Mitte der Unterlage sitzen.
d Schematisches Aufsichtsbild auf die Pfropfstelle

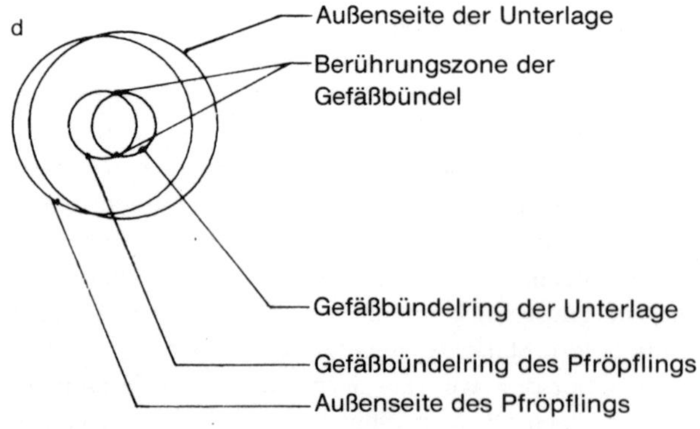

weise miteinander verwachsen. Wenn sich die Ringe nicht berühren, ist es durchaus möglich, daß das Pfropfstück zwar am Leben bleibt, aber nicht oder kaum zum Wachsen kommt.

Anders ist es bei *Opuntia*-Scheiben, die man als Unterlagen benutzt. Bei ihnen durchziehen die Gefäßbündel wie ein Netzwerk die ganze Scheibe und dadurch kommen die Pfröpflinge mit ihnen auch überall in Berührung.

Manche Liebhaber schrägen die Schnittfläche etwas ab. Damit wollen sie vermeiden, daß der Pfröpfling zu lokker sitzt, falls das Gewebe der Unterlage oder des Pfröpflings noch etwas einschrumpft. Bei einer gut kultivierten Unterlage passiert das freilich fast nie. Allerdings muß man einzelne Areolen, die zu nahe am Rand der Schnittfläche stehen, vorsichtig wegschneiden. Sie können den Pfröpfling beim Andrücken nämlich übel beschädigen.

Nun drückt man den Pfröpfling vorsichtig auf die richtige Stelle, wobei man auf die Gefäßbündelringe achtet. Als nächstes ist dann dafür zu sorgen, daß das Pfropfstück mittels leichtem Druck haftet und fest auf der richtigen Stelle bleibt, um dann gut mit der Unterlage zu verwachsen. Mit ein wenig Geschick spannt man dazu 2 Gummibändchen von 3–4 mm Breite, kreuzweise über Pfröpfling und Topf und drückt damit die Schnittflächen gegeneinander. Man kann auch aus einer festen, aber weichen Plastikfolie Streifen von 10–12 mm Breite und 20–30 cm Länge schneiden. Wenn der Pfröpfling gut sitzt, nehmen wir einen solchen Streifen in beide Hände, legen ihn darüber und zugleich auch auf den Topfrand. Nun legen wir Daumen und Zeigefinger der linken Hand auf den Streifen an beiden Seiten des Topfes, wobei darauf zu achten ist, daß der

Plastikstreifen gespannt bleibt. Der Pfröpfling kann sich nun nicht mehr verschieben. Die rechte Hand ist frei, um die Gummibändchen richtig zu plazieren. Nach 1 Woche nehmen wir Plastikstreifen und Gummibändchen wieder ab, die Pfropfstelle ist verwachsen und alles sitzt fest aneinander.
Die frisch gepfropften Pflanzen müssen wohl warm, aber auch gegen Sonne geschützt stehen. Direkte Sonne kann starke Schrumpfung des Gewebes verursachen, wodurch Pfröpfling und Unterlage auseinanderreißen, ungeachtet des Druckes, der vorher ausgeübt wurde. Frische Luft ist zu empfehlen. Zug um Zug müssen die gepfropften Pflanzen an mehr Sonnenlicht gewöhnt werden, um dann nach 3–4 Wochen auf den vorgesehenen Platz gestellt zu werden.
Pfropfungen auf *Opuntia*-Scheiben bereiten manchmal Schwierigkeiten, weil die Basis ziemlich schmal ist. Das ganze bekommt Halt, wenn man an beiden Seiten der Scheibe Bambusstöckchen steckt und diese über dem Kopfstück zusammenbindet.
Oftmals können wir nicht mit Gummibändchen arbeiten. Wir nehmen dann einen Plastikstreifen von 2 cm Breite, legen ihn über den Pfröpfling und beschweren ihn an beiden Enden so gut es geht. Die beschwerten Enden lassen wir am Topf herunterhängen.
Die Pfröpflinge von *Opuntia*-Arten brauchen nicht sehr groß zu sein. Von einer gut ausgewachsenen Scheibe schneidet man vorsichtig das obere Viertel ab und verwendet es als Pfröpfling. Genausogut kann man auch einen anderen Teil der Scheibe nehmen, sogar der unterste Abschnitt ist noch verwendbar. Selbstverständlich muß noch eine ganze Anzahl von Areolen darauf vorhanden sein; bei ihnen liegen ja die Vegetationspunkte, an denen sich die neuen Sprosse entwickeln.
Das Pfropfen von *Zygocactus, Epiphyllanthus* und anderen Gliederkakteen kann als Spaltpfropfung erfolgen. Hierfür werden besonders junge Triebe von *Pereskia aculeata* Mill. benötigt. Von diesen werden Stecklinge genommen und auf normale Weise bewurzelt. Man schneidet sie bis auf eine Länge von 15–20 cm ab. Danach macht man einen vertikalen Einschnitt von ca. 1,5 cm Länge. Der Pfröpfling besteht aus einem ausgewachsenen Glied und darf ruhig einzelne neue Glieder haben. Das unterste Glied wird an der Basis mit einem Rasiermesser etwas schräg abgeschnitten und in den vertikalen Spalt der Unterlage geschoben. Abschrägung der Pflanzenteile und der Pflanzensaft verursachen leicht ein Auseinanderrutschen der Pfropfstücke. Dem zu begegnen, bringt man zwei vorher an einem Ende zusammengebundene Pflanzstöckchen so

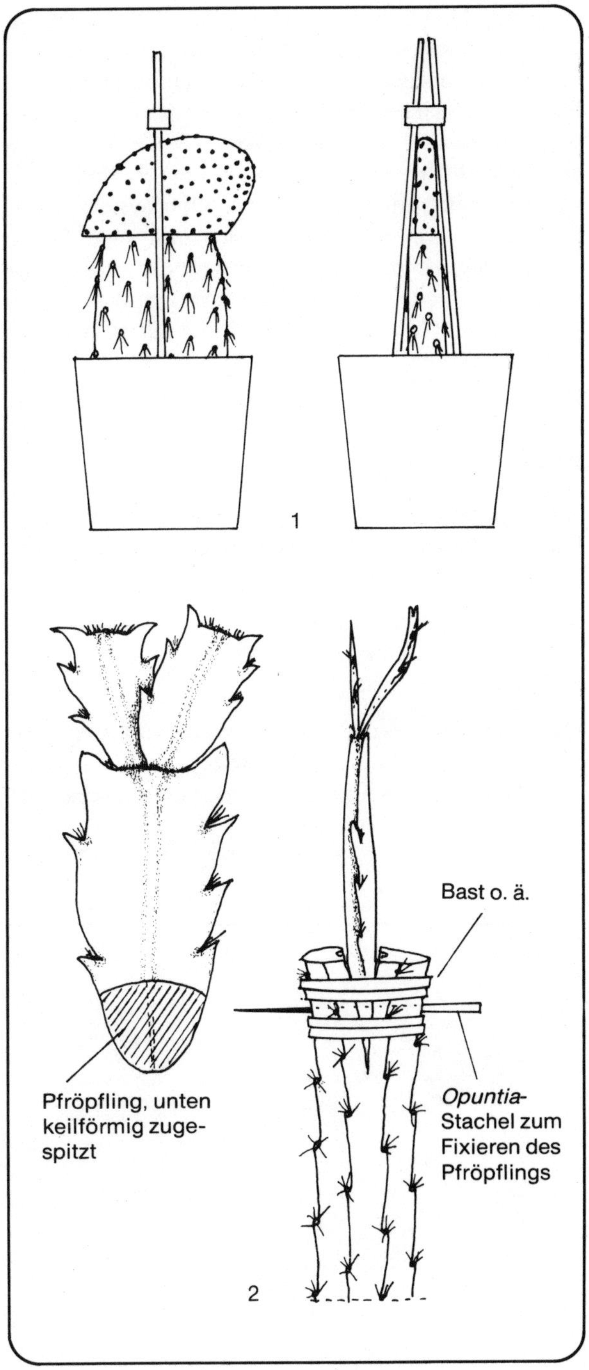

1 Pfropfung *Opuntia* auf *Opuntia* (Vorder- und Seitenansicht). Die zur Stützung beidseits der Scheiben angebrachten Stöckchen werden oberhalb des Pfröpflings zusammengebunden.
2 Spaltpfropfung von *Zygocactus* o. a. auf schmale Unterlage wie z. B. *Selenicereus*.

über den Pfropfpartnern an, daß sie sich nicht mehr verschieben können. Etwas Platz muß jedoch frei bleiben, damit vorsichtig um die Schnittstelle der Unterlage Bast oder ähnliches Material, das das Zusammenwachsen unterstützen soll, angebracht werden kann. Das gleiche Ziel wird erreicht, wenn ein langer Kaktusstachel quer durch Unterlage und Pfröpfling gesteckt wird. Wie *Pereskia*-Unterlagen lassen sich auch junge Triebe von *Selenicereus grandiflorus* verwenden. Hier ist die Basis wohl breiter, aber die Gewebe sind dafür etwas weicher, so daß es manchmal schwieriger ist alles zusammenzuhalten.

Das Pfropfen von Sämlingen

Sämlinge werden oft gepfropft, um die erste druckempfindliche Periode etwas abzukürzen. Als Unterlagen eignen sich:

- *Pereskiopsis*-Stämmchen
- *Echinopsis*-Sämlinge, 2–3jährig
- *Selenicereus*-Kopfstecklinge

Die Sämlingspfropfungen muß man als vorübergehend betrachten. Später werden die gepfropften Pflanzen abgeschnitten und erneut auf passende Stämme gepfropft, oder man bewurzelt sie und züchtet auf eigener Wurzel weiter.

Pereskiopsis velutina Rose aus der Gruppe der *Opuntia*-artigen hat äußerlich Ähnlichkeit mit *Pereskia,* ohne jedoch mit dieser eng verwandt zu sein. An den ziemlich dünnen Zweigen befinden sich unter den Areolen ausgeprägte Blätter. Von den Spitzen werden Stecklinge von 6–8 cm Länge gemacht und zum Bewurzeln warm gestellt. Bei Temperaturen unter 20 °C würde die Wurzelbildung stark verzögert. 1–2 Monate nach dem Bewurzeln sind sie zum Pfropfen brauchbar. Man nimmt immer nur bewurzelte Stämme, weil diese am einfachsten mit dem Pfröpfling verwachsen. Mehrjährige Stämme dagegen haben ziemlich hartes Gewebe und stoßen die Sämlinge sehr oft ab.

Die Spitzen werden ca. 2 cm zurückgeschnitten. An der 3–4 cm messenden Schnittfläche tritt beim Abschneiden meistens ein großer Tropfen Flüssigkeit aus, der kurz vor dem Andrücken des Sämlings auf die Unterlage mit einem Stückchen Fließpapier entfernt wird. Der Sämling braucht nicht größer zu sein als der Durchmesser des Pfropfstammes. Zuerst wird der Sämling aus dem Boden geholt und kurz über dem Wurzelhals abgeschnitten. Vorsichtig werden die Schnittflächen übereinander geschoben und mit einem leichten Druck des Zeigefingers bringt man den Sämling an die richtige

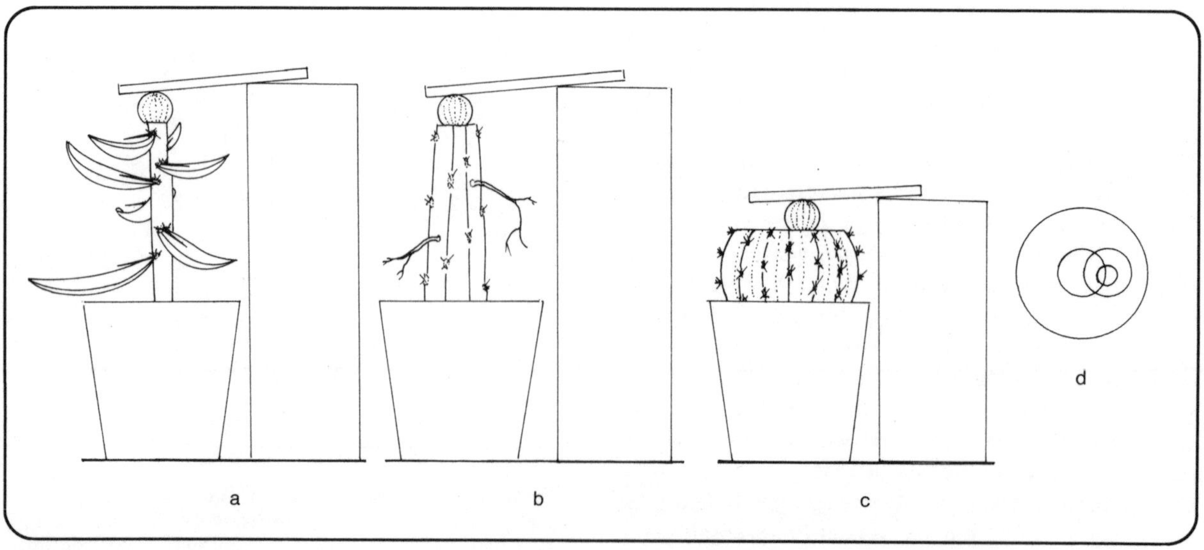

Pfropfung von Sämlingen
a auf *Pereskiopsis*
b auf *Selenicereus*
c auf *Echinopsis*
d Schematische Darstellung (in Aufsicht) einer Sämlingspfropfung auf *Echinopsis*

Stelle. Das Zusammenwachsen geht zwar sehr schnell, dennoch muß etwas Druck ausgeübt werden und dazu haben einige Kakteenliebhaber die verschiedensten Vorrichtungen ausgeklügelt.
Werden alle Pfropfungen auf gleicher Höhe gehalten, dann geht es ziemlich einfach und ohne viel Umstände. Man setzt die Stämme nebeneinander auf eine feste Arbeitsfläche. Neben die Töpfe wird ein Kistchen gestellt, dessen Oberkante auf gleicher Höhe mit den gepfropften Sämlingen ist. Nun nimmt man Glasstreifen von 1 cm Breite und 7 cm Länge, deren eines Ende auf dem Kistenrand und deren anderes auf dem Sämling liegt. Je nachdem, ob das Glas nach vorn oder nach hinten geschoben wird, kann der Druck auf den Sämling verändert werden. Bei zu hoher Belastung werden die Sämlinge zerdrückt.
Die Glasstreifen werden nach 1½ Tagen entfernt. Sind die Sämlinge gut angewachsen, werden sie bald neues Wachstum zeigen und gegen Ende der Saison können sie bereits einen Durchmesser von 2–3 cm haben. Das Pfropfen auf *Pereskiopsis* muß immer bei einer Temperatur von 20 °C geschehen. Bei wechselhaftem Wetter sollte man diese Arbeit lieber verschieben, da viele Sämlinge dann nicht anwachsen. Die Überwinterungstemperatur muß mindestens 10–14 °C sein und auch im Winter dürfen sie nie ganz trocken stehen. Wenn einige Tage nach dem Pfropfen unerwartet doch eine Kälteperiode eintritt, müssen die auf *Pereskiopsis* gepfropften Pflänzchen leichte Bodenwärme bekommen, wenn man Verluste vermeiden will. Wird bei diesen nicht ganz problemlosen Unterlagen all dies sorgfältig beachtet, dann können auch glänzende Resultate erreicht werden.
Bei einem Kopfsteckling von *Selenicereus grandiflorus* verfährt man wie bei *Pereskiopsis*. Die Basis, die *Selenicereus* abgibt ist allerdings etwas breiter. Auf diesem Stamm wachsen die Sämlinge deshalb fast noch schneller an. Manche Liebhaber haben gute Erfahrungen gemacht, indem sie die Sämlinge nur kurz andrückten und dann ohne weiteren Druck stehen ließen. Die *Selenicereus*-Unterlage ist weniger kälteempfindlich und die Sämlinge wachsen sicher genau so schnell wie bei *Pereskiopsis*.
Auch auf *Echinopsis*-Arten können Sämlinge gepfropft werden. 2–3jährige Unterlagen haben sich am günstigsten erwiesen. Ebenfalls sind auch bewurzelte Stecklinge gut zu gebrauchen. Von kleinen *Echinopsis*-Kugeln mit 3–4 cm Durchmesser wird das obere Drittel horizontal abgeschnitten und auf den Gefäßbündelring der vorbereitete Sämling gesetzt, der wieder mit Glasstreifen angedrückt werden kann. Diese Art der Pfropfung bringt schnellwachsende Pflanzen, die man später natürlich wieder pfropfen muß.

Das Pfropfen von Kristaten (Kammformen)

Es gibt viele Kakteen bei denen Kammbildungen auftreten, sowohl in regelmäßigen wie in unregelmäßigen Wuchsformen. Da gibt es prächtige Erscheinungen. Besonders ältere Pflanzen zeigen manchmal kräftig ausgewachsene Kammformen. Kristatformen pfropft man, weil viele nicht oder kaum auf eigener Wurzel wachsen wollen. Eine Kammform von *Mammillaria wildii* zeigt sich allerdings auf eigener Wurzel schöner als gepfropft.

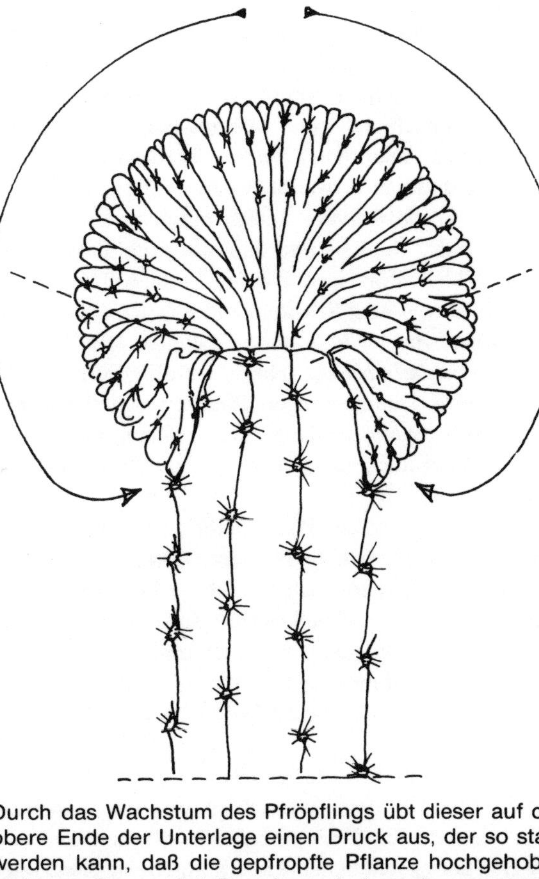

Durch das Wachstum des Pfröpflings übt dieser auf das obere Ende der Unterlage einen Druck aus, der so stark werden kann, daß die gepfropfte Pflanze hochgehoben und losgerissen wird. Dem kann dadurch begegnet werden, daß ab und zu ein Stück der Unterkante des Kammes (Strichellinie) abgetragen wird. Diese Abschnitte können wieder zum Pfropfen verwendet werden.

Da sich die Gefäßbündel bei Kristaten nicht auf die Zentralachse konzentrieren, sondern sich durch das ganze Gewebe ziehen, kann eigentlich jedes abgeschnittene Stück zum Pfropfen gebraucht werden. Bei Kristaten müssen regelmäßig von den nach unten wachsenden Kammenden Stückchen abgeschnitten werden. Durch den fächerförmigen Wuchs des Kammes, können die beiden Kammenden von zwei Seiten die Unterlage so zusammenpressen, daß sich der schon angewachsene Pfröpfling vom Stamm abhebt. Damit muß man vor allem bei Arten rechnen, die im zeitigen Frühjahr eher zu wachsen anfangen als ihre Unterlagen. Kristaten von großen *Cereus*-Arten kann man auf 100–120 cm hohe Unterlagen von *Trichocereus macrogonus* pfropfen. Kein Wunder, daß solche Pfröpflinge oft wahre Prunkstücke in einer Kollektion sind.

Monströse Pflanzen, die einen noch viel unregelmäßigeren Bau als Kammformen haben, können, wenn nötig, auch gepfropft werden. Solche Typen bei Arten aus der Gattung *Cereus* wachsen jedoch von selbst so schnell, daß man sie viel besser auf eigener Wurzel ziehen sollte. Bei einigen *Opuntia*-Arten pfropft man monströse Formen gewöhnlich auf gute *Opuntia*-Scheiben. Schöne Typen findet man bei *Opuntia microdasys* (Lehm.) Pfeff. und anderen verwandten Arten. Die seltsame *Cylindropuntia clavarioides* Knuth bildet zwei verschiedene, nämlich keulen- und kammförmige Zweigtypen aus. Die keulenförmigen Zweige können in normaler Weise auf *Opuntia*-Scheiben oder auch auf runde Stämmchen von *Cylindropuntia subulata* Mühlpf. oder *Cylindropuntia imbricata* (Haw.) Knuth gepfropft werden. Für die kammförmigen Pflanzen dagegen eignet sich besser Spaltpfropfung. Dafür kann eine dicke Scheibe, aber auch ein *Cylindropuntia*-Stamm genommen werden.

Meist werden nicht alle Pfropfunterlagen aufgebraucht. In erster Linie bleiben die kleineren übrig, die man aber ohne weiteres bis zum nächsten Jahr stehen lassen kann. Handelt es sich um schnellwachsende Stämme, wie z. B. *Eriocereus jusbertii*, dann muß man damit rechnen, daß sie bis zum Frühjahr eine Höhe von 25–35 cm erreicht haben werden und in dieser Größe als Unterlage nicht gerade schön wirken. Sie lassen sich dennoch sinnvoll nutzen, wenn man sie in jeweils 5–6 cm große Stücke zerteilt. Man läßt diese antrocknen, bewurzeln und kultiviert sie nach dem Eintopfen als Pfropfunterlagen weiter. Die übriggebliebenen Teile können wie Stecklinge weiterbehandelt und als Mutterpflanzenvorrat vorgesehen werden. Sobald die Wurzelspitzen erscheinen, treiben meist auch schon die neuen Sprosse an den obersten Areolen aus. Wir topfen um und können im folgenden Jahr bereits Stecklinge schneiden.

Ein anderer Weg besteht darin, direkt nach dem Abschneiden der Zwischenstücke auf die Oberkante irgendeinen Pfröpfling zu setzen und ihn mit Gummibändchen anzudrücken. Zwischen Unterlage und Gummibänder schiebt man ein dünnes Stückchen Styropor, um Einschnürungen zu verhindern. Denn gerade an beschädigten Stellen ist die Infektionsgefahr viel größer als an intakten Teilen.

Die neugepfropften Pflanzen mit den unbewurzelten Unterlagen werden nun erst 3 Tage zur Seite gelegt. Danach stellen wir sie einfach senkrecht in ein Kistchen und bringen sie an einen warmen und luftigen, jedoch nicht zu sonnigen Platz. Nach 1 Woche nehmen wir die Gummibändchen ab. Sollten unverhofft einige Stämme an der Unterseite durch schwarze Flecken doch Beschädigungen anzeigen, dann schneiden wir den Stamm bis auf das heile Gewebe zurück. Natürlich müssen die Stücke dann wieder trocknen, bevor sie aufrecht eingestellt werden.

Mit dem Erscheinen der Wurzelspitzen nach 2 oder 3 Wochen zeigt sich auch neues Wachstum in den Pfröpflingen. Wenn die Wurzeln eine Länge von 3–5 mm erreicht haben, topft man die Pflanzen ein. Schon im ersten Sommer wird eine prachtvolle Entwicklung an den gepfropften Pflanzen zu beobachten sein. Diese Methode kann man auch bei anderen Unterlagen anwenden, jedoch meistens mit weniger günstigem Resultat.

Wir haben nun noch den untersten, wurzeltragenden Teil des Stammes übrig. Dieses Stück ist oft ziemlich hart. Vor allem sind die Gefäßbündel in nicht mehr zum Pfropfen geeignete Gewebe eingebettet. Am besten topft man diese Stämme in nährstoffreichen Boden um und kultiviert sie als Mutterpflanzen weiter. Auf diese Weise ist immer ein Vorrat an Pfropfunterlagen verfügbar.

Beim Pfropfen müssen wir von der stehenden Regel ausgehen, daß das ganze Pflanzenmaterial, sowohl Unterlagen als auch Pfröpflinge, sich in einwandfreiem Wachstumszustand befinden muß. Wenn wir dafür sorgen, daß diese Voraussetzung erfüllt ist, werden wir wenig Schwierigkeiten bei der Weiterentwicklung gepfropfter Pflanzen haben.

Schädlinge und Krankheiten

Der Aufbau einer Sammlung geht natürlich nicht ganz ohne Probleme ab. Man kann zwar den üblichen Schwierigkeiten bei der Aufzucht meistens schon durch ständige aufmerksame Beobachtung der Pflanzen begegnen. Auch ist der dauernde Umgang mit ihnen außerordentlich wichtig, da man sie dadurch nicht nur gut kennenlernt, sondern durch regelmäßige Kontrolle auch sehr rasch auf eventuelle Schäden stößt.

Probleme stellen sich jedoch dann ein, wenn die Pflanzen wirklich krank werden. Manchmal findet man die Ursache für die Erkrankung recht schnell. Häufig läßt sich aber nur sehr schwer oder gar nicht ausmachen, warum die Pflanzen nicht gedeihen oder gar eingehen. Bei unseren Überlegungen dürfen wir nicht außer acht lassen, daß eine Kakteensammlung im Grunde einer Monokultur entspricht. Auch wenn die versammelten Pflanzen einer Vielzahl verschiedener Arten angehören, stellen sie doch eine Massierung etwa gleicher Ansprüche und ähnlicher Verhaltensweisen dar. Ein Gewächshaus voll Kakteen unterscheidet sich in der Charakterisierung als Monokultur eben nicht viel von einem Weizen- oder Kartoffelfeld, bzw. einem Fichtenwald. Bekanntlich sind Kulturen dieser Art in erhöhtem Maße für Schädlinge und Krankheiten anfällig. Das Gewächshaus als abgeschlossener Lebensraum ist für sich schon ein Problemfaktor. Die Ansammlung und Massierung geeigneter Wirtspflanzen für Pilze, Blattläuse oder andere Parasiten auf engem Raum sind eine Voraussetzung für die rasche Ausbreitung einer Erkrankung innerhalb eines Bestandes. Eine Einzelpflanze auf der Fensterbank ist bei einigermaßen guter Behandlung demgegenüber sicher weniger gefährdet.

Nun muß man an dieser Stelle auch sagen, daß man dem Ungemach nicht hoffnungslos ausgeliefert ist, sondern ihm in den meisten Fällen durchaus begegnen kann. Dazu sind allerdings einige Maßregeln einzuhalten. In erster Linie ist darauf zu achten, daß überall Sauberkeit und Reinlichkeit herrschen. Töpfe, Pflanzenbehälter, Tische müssen sauber, das Pflanzsubstrat gut und in Ordnung sein und der Boden im Gewächshaus muß eine feste, jederzeit abspritzbare Oberfläche haben. Ferner ist es selbstverständlich, daß wir jede Pflanze, die wir zukaufen oder bekommen, gründlich und gewissenhaft auf Befall mit Ungeziefer, Schädlingen und Krankheiten untersuchen. Dabei sind nicht nur die oberirdischen Pflanzenteile, sondern gerade auch die Wurzeln zu kontrollieren. Erst wenn wir sicher sein können, daß wir nichts in das Gewächshaus einschleppen, fügen wir den Neuling der Sammlung ein.

Stellt man eines Tages eine kranke Pflanze fest, sollte man sie unverzüglich aus der Sammlung nehmen, genau untersuchen und sie notfalls so weit ausschneiden, daß der noch unbefallene Teil erhalten werden kann. Alles übrige muß rücksichtslos beseitigt und wirksam vernichtet werden.

Um der bei stehender Gewächshausluft verstärkten Ausbreitung schädlicher Pilze zu begegnen, muß intensiv gelüftet werden, auch bei kühlerem Wetter. Wenn an Frühjahrstagen Sonne zu erwarten ist, soll in den Morgenstunden, bei niederen Temperaturen und bei bedecktem Himmel gar nicht gegossen werden. Von Mineraldünger sollte man – wenn überhaupt – sehr sparsam Gebrauch machen, weil er die Pflanzen zu stark antreibt. Ihre Gewebe werden dadurch zu locker, zu schwach und sind anfällig für parasitische Pilze.

Viele Beschädigungen gehen auf Insekten, Milben, Schnecken und andere tierische Schädlinge zurück. Aber nicht jedes Insekt oder andere Tier, dem wir im Gewächshaus begegnen ist schädlich! Sollte daher eine Bekämpfung durchgeführt werden, gilt es in erster Linie, Umfang des Schadens, insbesondere aber den wirklichen Schädiger festzustellen. Denn danach richten sich Art des anzuwendenden Mittels, seiner Ausbringung und alle weiteren Maßnahmen.

Eine genaue Vorerhebung ermöglicht es uns, gezielt zu arbeiten, uns auf die gefährdeten Pflanzen zu beschränken und Mittel und Methoden auszuwählen, die keine Gefahr beinhalten. Verantwortungsbewußte Vorsicht ist in jedem Fall notwendig und unerläßlich, auch bei Bekämpfungsmitteln, die für Mensch und Haustier als ungefährlich gelten.

In Deutschland bestehen sehr genaue Vorschriften und Gesetze über den Gebrauch und den Einsatz von Pflanzenschutzmitteln. Jeder Anwender hat sich hiernach zu richten und genau die Anweisungen zu beachten, die der Packung eines jeden amtlich zugelassenen Präparates aufgedruckt sind. Bei Einhaltung dieser Vorschriften, der sicheren Verwahrung der Mittel und bei Verwendung ordnungsgemäß arbeitender Geräte (Spritzen u. ä.) wird er weder sich, noch andere gefährden und eine Belastung der Umwelt weitestgehend vermeiden, wie sie z. B. auch schon beim Gebrauch von mit Treibgas (z. B. Freon) beschickten Sprühdosen zu erwarten ist.

Es gibt eine Reihe handelsüblicher, amtlich zugelassener Pflanzenschutzmittel. Hierzu Empfehlungen zu geben, ist im Rahmen dieses Buches jedoch nicht vorgese-

hen. Vielmehr soll über Erfahrungen mit »Hausmitteln« berichtet werden, die jeder anwenden kann. Ist eine weitergehende Behandlung notwendig, müssen Berater und der Fachhandel befragt werden.
Man muß sich auch bei Auswahl und Anwendung von Bekämpfungsmitteln darüber klar sein, daß z. B. der Einsatz insektentötender Mittel neben dem verfolgten Ziel, nämlich dem Schadinsekt, auch Nützlingen zum Verhängnis werden kann. Sie hätten unter Umständen mit dem Schädling auch alleine fertig werden können. Ein bekanntes Beispiel für ein solches Nutzinsekt ist der Marienkäfer (*Coccinella spec.*), der mit seinen Larven ein tüchtiger Blattlausverzehrer ist. Der Larve der Florfliege (*Chrysopa spec.*) hat ihr effektvoller Einsatz den Namen »Blattlauslöwe« eingebracht.
Als Vernichter schädlicher Insekten sind ferner u. a. auch die Laufkäfer (*Carabidae*) sehr wirksam. Spinnen sind seit alters als Räuber bekannt. Die eventuell störenden Netze, die viele von ihnen im Gewächshaus oder auch über den Pflanzen anlegen, sollten uns daher nicht veranlassen, ihnen nachzustellen. Sie können auch in der Nähe des Gewächshauses ihren Dienst tun; Lauf- und Springspinnen sind sicher im Haus erwünscht.
Viele fliegende Insekten wie z. B. Bienen, Hummeln, Fliegen u.v.a. werden unseren Kakteen zwar nicht gefährlich, sie können aber dadurch recht störend und unerwünscht sein, daß sie sich durch Befliegen der Blüten und damit in Verbindung stehendes Bestäuben ungewollt als »Saatzüchter« betätigen. Das Anbringen von Fliegengaze oder ähnlichem vor den Lüftungsklappen ist daher dringend zu empfehlen.

Tierische Schädlinge

Schildläuse

Schildläuse sind Pflanzensaftsauger. Die reifen Weibchen setzen sich auf zarten Pflanzenteilen, aber auch auf Zweigen fest und werden nach einiger Zeit bewegungsunfähig. Ihr Rückenschild – bei einer großen Gruppe deckelartig und daher auch die Bezeichnung »Deckelschildläuse« – liegt der Unterlage dicht an und birgt die Eier und zunächst auch die Larven. Diese verlassen nach einiger Zeit ihren Schutzraum, sie bewegen sich frei auf der Pflanze und besorgen die Ausbreitung der Art. Der Befall bleibt wegen der Angleichung an die Pflanzenfarbe zunächst oft noch unbemerkt; meist wird man später erst auf die dunkleren Rückenschilder älterer Weibchen aufmerksam. Als Wirtspflanzen kommt eine Vielzahl von Pflanzen im Haus und im Gewächshaus in Frage. Bei schwachem Befall kann man mit einem Holzstäbchen die Schildchen wegschieben, wobei auch auf die jungen Stadien zu achten ist. Als ein brauchbares Mittel hat sich eine Seifen-Spiritus-Lösung zum Abpinseln bewährt, die anschließend mit sauberem Wasser ordentlich abgespült wird.

Wolläuse

Woll- oder auch Schmierläuse sind über und über mit wolligen Wachsausscheidungen bedeckt. Sie gleichen daher kleinen, weißlichen Wollflöckchen. Im Gegensatz zu den Schildläusen setzen sie sich nicht auf Dauer fest. Dagegen bilden sie häufig Gruppen, die sich an trockenen Stellen, besonders um die Areolen und in den Achseln ansammeln. Sie können kaum übersehen werden. Dennoch müssen die Pflanzen sorgfältig untersucht werden, da sich die Tiere auch auf die tieferen Teile der Pflanze, den Wurzelhals oder oberflächlich liegende Wurzeln zurückziehen können. Die beweglichen Jungläuse sorgen für die Ausbreitung. Die Untersuchung neu zugehender Kakteen ist hier besonders wichtig.

Blattläuse

Blattläuse kommen in zahlreichen Arten vor und saugen an vielerlei Pflanzen. An Kakteen findet man sie dagegen eher selten, so z. B. an Knospen und Blüten von *Phyllocactus*- und großblumigen *Cereus*-Arten.

Weiße Fliege

Die weiße Fliege oder Mottenschildlaus soll hier nur der Vollständigkeit halber erwähnt werden, da sie auf Blattpflanzen im Gewächshaus unter Umständen stark auftreten kann. Bei Kakteen ist sie indes unbedeutend. Sie wird mit Nikotin bekämpft. Neuerdings wird gegen sie sehr stark die Schlupfwespe *Encarsia formosa* als ihr natürlicher Feind eingesetzt.

Schwarze Fliege, Trauermücke

Die kleinen schwarzen Trauermücken legen ihre Eier bevorzugt in feuchte Erde. Obwohl die Larven vorwiegend faulende Pflanzenreste verzehren, gehen sie nicht selten auch an frische, lebende Wurzeln. Besonders gefährdet sind frisch pikierte Sämlinge. Zur Bekämpfung eignen sich Nikotin-Lösungen.

Älchen (Nematoden)

Es gibt außerordentlich viele Nematoden-Arten, die auch in den verschiedensten Lebensbereichen vorkommen und die nicht alle Schadarten sind.
Bei den pflanzenschädlichen Älchen haben wir es mit

einer großen Gruppe meist sehr kleiner Würmer zu tun, die mit dem bloßen Auge nicht mehr wahrnehmbar sind. Ihr Körper ist lang und schlangenförmig, ihre typischen Bewegungen sind am besten als peitschenartig umschreibbar. Die Schäden, die sie an Pflanzen verursachen sind meist erheblich und reichen von Wuchshemmungen bis zum völligen Absterben. Neben Arten, die in der Auswahl ihrer Wirtspflanzen sehr großzügig sind, gibt es ausgesprochene Spezialisten. Für den Kakteenliebhaber sind zwei Gruppen von Interesse: Wurzelzystenälchen *(Heterodera,* z. B. *H. cacti)* und Wurzelgallenälchen *(Meloidogyne,* z. B. *M. arenaria).* Die sonst bei Zierpflanzen sehr schädliche Gruppe der Blattälchen kann bei Kakteen unberücksichtigt bleiben.

Wurzelzystenälchen

Der Befall mit diesen Älchen kann in allen Lebensaltern der Kakteen erfolgen, sowohl beim jungen Sämling, wie bei der ausgewachsenen Pflanze. Ein erstes Befallssymptom ist in einer Wachstumsstockung oder im nicht eintretenden Wachstumsbeginn der Pflanzen im Frühjahr zu sehen. Die Pflanzen werden matt, glanzlos und zunehmend blasser. Dieses Symptombild ist sehr wichtig, es schließt jedoch nicht aus, daß nicht auch z. B. Wurzelläuse, pilzliche Wurzelbeschädigungen oder physiologische Störungen die Ursache sein könnten.
Um dies zu klären, muß man die Pflanze aus dem Topf nehmen und die Wurzel gründlich untersuchen. Liegt Befall mit dem Wurzelzystenälchen vor, entdeckt man sehr bald kleine, etwa stecknadelkopfgroße, gelblich bis dunkelbraune kugelige Auftreibungen an den Wurzeln. Es sind dies die sog. Zysten. Sie entsprechen den Körpern der weiblichen Tiere. Diese hatten sich in den pflanzlichen Geweben festgesaugt und sind sogar ein Stück weit in sie eingedrungen. Ihr durch Entwicklung der Eier stark angeschwollener Körper sprengt schließlich die Wurzelwandung und ragt als Zyste über die Wurzeloberfläche vor, während das Vorderende im Gewebe haften bleibt. Zysten sind demnach prall mit ca. 200 Eiern angefüllte, abgestorbene weibliche Tiere. Ihre Farbe ist zunächst weißgelblich bis braun und geht später in dunkelbraun über. Die Mehrzahl der Zysten findet man an Saug- und Seitenwurzeln. Nach Ausreife fallen sie von der Pflanze ab.
Die besondere Gefahr dieser Älchen besteht darin, daß die Eier in den Zysten jahrelang ohne Schaden keimfähig bleiben und so im Boden, an Pflanzenresten usw. überlagern oder auch verschleppt werden können. Entwickelt dann eine geeignete Wirtspflanze evtl. nach Jahren ihr Wurzelsystem, so werden die Nematoden – offenbar durch Reizstoffe der Pflanze – veranlaßt, die Zyste zu verlassen und sich an die Wurzel anzusaugen, womit der Kreislauf von neuem beginnt.
Eine eigene Beobachtung an befallenen Wurzeln einer ca. 8 cm dicken *Mammillaria rhodanta* Lk. et O. ergab einen Befall mit durchschnittlich 3 Zysten pro Zentimeter Wurzellänge. Bei einer Wurzellänge von ca. 7 cm und ca. 150 Wurzeln lassen sich leicht 3000 Zysten und rund 600000 Eier errechnen.
Es kann nicht ausbleiben, daß durch Saugtätigkeit und Eindringen der Nematoden in die pflanzliche Wurzel Störungen in der Wasser- und Nährstoffversorgung und Zerstörungen von Zellkomplexen mit nachfolgenden Infektionen durch Bakterien und Pilze eintreten, die zur Schwächung und schließlich zum Absterben der Pflanze führen. Die Nematoden verlassen die geschädigten Pflanzen und suchen neue Wirtspflanzen auf.

Wurzelgallenälchen

Wurzelgallenälchen befallen vielerlei Pflanzen, haben also einen großen Wirtspflanzenkreis. Der Kakteenfreund muß deshalb bei der Überwachung seiner Sammlung auch auf ein häufig in Gewächshaus-Kulturen vorkommendes Unkraut, den Sauerklee (*Oxalis spec.*), achten. Dieser wird nämlich leicht von dem Wurzelgallenälchen befallen und kann damit ohne weiteres schnell Ausgangsquelle für weitere Infektionen werden.
Die Symptome an Kakteen bei Befall mit dem Wurzelgallenälchen gleichen weitgehend den vorher für die Zystenälchen beschriebenen. Der Hauptunterschied liegt im Befallsbild an der Wurzel. Im Gegensatz zum Zystenälchen sind die knotenartigen Gallen Verformungen der Wurzel selbst. Sie erreichen eine Größe von 1–1,5 cm, sind gelblich bis schmutzigbraun, oberflächlich rauh, etwas schwammig und spröde. Die Weibchen mit ihren bis zu mehreren hundert Eiern bzw. Larven sitzen hier im Inneren der Galle. Sie werden mit den Gallen transportiert und durch deren Zerfall frei. Damit können sie neue Pflanzen befallen. Die Störung durch die Galle führt zum Abbrechen der Wurzeln, dem Befall gemäß an allen in gleicher Höhe. Die Pflanze versucht Ersatz zu schaffen, wodurch es zu büschelartigen Verzweigungen, sog. Wurzelbärten, kommt.
Die Anfälligkeit der Kakteen gegen Nematoden ist, wie zu erwarten, nicht einheitlich. Das Zystenälchen befällt bevorzugt feinwurzelige Arten und Sämlinge. Besonders empfindlich dürften Mammillarien sein, allerdings Arten mit fleischigen Wurzeln weniger (*Mammillaria schiedeana* Ehrenberg u. a.), ferner – um nur einige zu nennen – die Gattungen *Thelocactus, Notocactus, Gym-*

nocalycium, Lobivia, Rebutia, Malacocarpus, Echinocereus, Neobessya, Neoporteria und Jungpflanzen von *Cereus*-Arten. Das Wurzelgallenälchen befällt die Pflanzen generell und ohne Unterschied nach Größe.

Einige Arten scheinen aber als Wirte von Älchen schlechter angenommen zu werden oder leiden weniger darunter. Das sind insbesondere *Trichocereus spachianus* (Lem.) Ricc. und *Trichocereus pachanoi* Br. et R. Eventuell schälen sich in dieser Gattung noch weitere Arten mit ähnlichen Eigenschaften heraus. *Eriocereus jusbertii* (Reb.) Ricc. dürfte ebenfalls weniger anfällig sein. Sein insgesamt schwächeres Wurzelsystem ist bei Befall jedoch weniger ausgleichsfähig. Vielleicht ist in der geringeren Anfälligkeit dieser drei Arten auch ihre seit langem praktizierte Verwendung als Unterlage für Pfropfungen begründet. Gegenüber Wurzelgallenälchen verhalten sich auch diese drei wie andere Arten.

Die Bekämpfung Infektionen vorzubeugen dürfte die wichtigste Grundregel für die Bekämpfung sein. Erreichbar ist dies auf verschiedenen Wegen, nämlich durch Verwendung ausschließlich sauberer Geräte und Einrichtungsgegenstände usw., Beseitigung allen alten Materials, insbesondere alter Pflanzerde, Wegräumen von Pflanzenresten oder unbrauchbaren Pflanzenteilen. Vorbeugend sollte neue Saat- und Pflanzerde erst gedämpft werden. Ist trotz aller Vorsicht und Vorbeugungsmaßnahmen dennoch eine Infektion mit Älchen erfolgt, sind Bekämpfungsschritte unumgänglich.

Bei noch jungen ca. 2–3jährigen Pflanzen ist ein Rückschnitt der Wurzeln bis zum Wurzelhals ein brauchbares Mittel. Anschließend müssen sich diese Pflanzen wieder ganz normal bewurzeln und können in neue Erde gepflanzt werden. Pflanzen dieses Alters holen den Wachstumsrückstand schnell wieder auf.

Als weitergehende Maßnahmen können Warmwasserbehandlungen dienen. An 400, mit *Heterodera* befallenen, mehr als 2 Jahre alten wurzelechten Pflanzen wurde dabei eine ganze Reihe von eigenen Erfahrungen gesammelt. Die Pflanzen waren mit der Blüte im Verzug und stockten im Wachstum. Bis auf 3–4 ausgefallene Pflanzen hatten alle die Behandlung gut überstanden. Sie zeigten nach 3–4 Wochen bereits wieder ordentlichen Wuchs und standen in beträchtlicher Zahl in Blüte. Ausgangspunkt für diese Behandlungsmethode ist die Tatsache, daß viele Älchen bei Temperaturen über 50 °C nachhaltig geschädigt werden und absterben, während die meisten Kakteen und Fettpflanzen eine Erwärmung auf 50–60 °C vertragen, vorausgesetzt, daß sie nicht durch Kunstdünger und feuchte Wärme getrieben sind. In einem Gefäß oder einer Schale wird Wasser mit einer Temperatur von 55 °C bereitgestellt, das durch weitere Wärmezufuhr und mittels Thermostat auf dieser Temperatur gehalten wird. Über dem Gefäß wird ein Stück eines grobmaschigen Drahtnetzes angebracht; nachdem die Erde von der Wurzel der ausgetopften Pflanze geschüttelt und kranke oder abgestorbene Wurzelteile entfernt worden sind, wird die Pflanze so in das Drahtgeflecht gehängt, daß sie bis einschließlich Wurzelhals in das Wasser ragt. Der Aufenthalt im Wasserbad soll für Pflanzen mit ca. 10 cm Durchmesser 10–15 Minuten, bei größeren 20–25 Minuten dauern. Nach mehrstündigem Trocknen wird in saubere Töpfe gepflanzt. 500 einjährige, mit Zystenälchen befallene Sämlinge von *Notocactus submamulosus* wurden bis zum Topfrand in 50 °C warmes Wasser eingestellt und 10 Minuten dort belassen. Nach 3 Wochen waren bis auf 15 alle übrigen Pflanzen zügig am Wachsen.

Nach den Erfahrungen sind Warmwasserbehandlungen sowohl gegen *Heterodera* wie gegen *Meloidogyne* wirksam. Bei letzteren empfiehlt sich vorher die Beseitigung der am stärksten geschädigten Wurzelpartien, da die befallenen Teile so spröde und geschädigt sind, daß sie auch nach der Warmwasserbehandlung nicht mehr funktionsfähig werden.

Spinnmilben, Rote Spinne

Die Rote Spinne ist eine echte Gefahr für eine große Zahl von Pflanzen, sei es im Gewächshaus oder im Freiland. Sie befällt kleine Zierpflanzen ebenso wie Gemüsepflanzen und große Bäume.

Spinnmilben sind kleine, 0,3–0,7 mm messende Tiere, die das bloße Auge eben noch wahrnehmen kann. Daher entgehen sie zunächst oft der Beobachtung und man wird auf sie meist erst durch die Schäden aufmerksam, die sie verursacht haben und die durch ihr Massenauftreten nicht unerheblich sind. Durch die Saugtätigkeit der jungen und alten Milben sterben die geschädigten Zellen und Gewebekomplexe ab. Die geschädigten Teile erscheinen gesprenkelt, werden schließlich schmutzig-braun und vertrocknen. Die bei niederen Temperaturen trägen Tiere, werden bei zunehmender Wärme aktiv.

Bevorzugt werden von Milben kurzbedornte Pflanzen mit zartem Oberhautgewebe befallen, was ihr Auftreten auch auf starkbedornten Pflanzen allerdings nicht ausschließt. Spinnmilben sind eine arge Plage, der man sich sehr schlecht erwehren kann. Bei schwachem Befall mag das Abspülen mit scharfem Wasserstrahl eine gewisse Wirkung haben. Durch die Spinngeflechte, unter denen sie leben, haben sie aber einen recht guten Schutz. Diese erschweren auch den Einsatz chemischer Mittel, denen gegenüber die Spinnmilben leicht Resistenzerscheinungen entwickeln. Neuerdings wird im Gartenbau eine sehr kleine, andere Milbe, die Raubmilbe *Phytoseiulus persimilis* gegen Rote Spinne eingesetzt. Da die hierbei erforderlichen hohen Temperatur- und Luftfeuchtewerte in kleinen Sammlungen nicht immer zu sichern sind, bleibt es fraglich, ob diese Methode hier Eingang finden wird.

Asseln

Aus der Unterordnung der Landasseln interessieren hauptsächlich die beiden Gattungen *Oniscus* und *Porcellio,* denen die Mauer- und Kellerassel angehören. Asseln sind krebsartige Tiere von bis zu 2 cm Länge. Als feuchtigkeitsliebende Tiere und Bewohner feuchter Stellen findet man sie unter Steinen und altem Gerümpel ebenso wie an flachliegenden Pflanzen. Tagsüber halten sie sich versteckt. Bei Nacht machen sie sich u. a. über weiche Pflanzenteile her. Kakteen, wie z. B. rasenbildende Mammillarien gehen sie oft von unten her an und fressen sie nach innen leer. Ihr Feuchtigkeitsbedürfnis gibt gleichzeitig Hinweise auf brauchbare Maßnahmen gegen sie: Beseitigung möglichst aller als feuchte Schlupfwinkel dienender Möglichkeiten, keine Materialeinlagerung im Gewächshaus, Betonierung des Fußbodens. Legt man zwischen die Pflanztöpfe ausgehöhlte Kartoffelhälften mit der Schnittfläche nach unten, dann wird man bald beobachten, daß sich die Asseln dort einfinden und man kann sie leicht hier abfangen und vernichten. Die Kartoffelstückchen dürfen aber nicht trocken werden und sind rechtzeitig zu erneuern.

Erdflöhe

Erdflöhe sind bis ca. 5 mm große, metallisch glänzende Insekten, die auf Kulturpflanzen sehr schädlich werden können. Mit das bekannteste Schadbild sind die »Stanzlöcher« in Rettichblättern. Die Bezeichnung »Erdflöhe« ist insofern irreführend, als es sich hierbei natürlich nicht um Flöhe im üblichen Sinn handelt, sondern um Käfer, genauer gesagt um Blattkäfer (*Chrysomelidae*) aus der Verwandtschaft der Spargel- oder Getreidehähnchen und der Kartoffelkäfer. Von diesen unterscheiden sie sich durch ihr enormes Sprungvermögen, das sie bis auf das 216fache ihrer Körperlänge bei einem Sprung weiterbringen kann. Sie sind dazu dank ihrer Hinterbeine, die zu Sprungbeinen mit stark verdickten Schenkeln ausgebildet sind, befähigt. Bei Kakteen können sie besonders an Sämlingen schädlich werden, bei anderen Pflanzengruppen werden sie auch mit der Übertragung von Viruskrankheiten in Verbindung gebracht. Auch hier ist Vorbeugung durch Sauberkeit, Ordnung, sofortige Beseitigung von Pflanzenresten und Gerümpel der erste und wirksame Schritt zur Bekämpfung, für die man sonst wiederholte *Pyrethrum*-Anwendungen ins Auge fassen müßte.

Wiesenschnaken

Die Larven der langbeinigen Wiesenschnaken sind hauptsächlich in Grünlandgebieten mit viel Wiesen und Weiden gefürchtete Schädlinge, die aber auch Gemüsegärten, Baum- und Forstschulen heimsuchen können. Vor allem in Verbreitungs- und Befallsgebieten können sie auch an Kakteenkulturen Schäden anrichten. Die reifen Weibchen befliegen die Pflanzen und legen eine große Zahl von Eiern in die Erdtöpfe. Die geschlüpften graubraunen und fleischigen Larven fressen die Wurzeln ab. Die Pflanzen liegen dann oft nur mehr lose dem Boden auf. Vernichtung aufgefundener Larven, Wegfangen einzelner Schnaken und Behinderung des Zufluges zum Gewächshaus durch Gazerahmen vor den Lüftungsklappen sind als Maßnahmen angezeigt.

Drahtwürmer

Mit Würmern haben sie nichts zu tun, es handelt sich vielmehr um die sehr pflanzenschädlichen Larven der Schnellkäfer. Der Name Drahtwürmer läßt sich aus der drahtig-harten Beschaffenheit des länglichen, durch Ringe gegliederten Körpers erklären. Die Käfer sind dadurch bekannt, daß sie sich aus der Rückenlage hochzuschnellen vermögen und damit wieder auf die Beine kommen. Ermöglicht wird dies durch einen Dornfortsatz an der Vorderbrust, der in eine Vertiefung der Mittelbrust nach Art eines Druckknopfes eingreift. Bei Lösung der Verbindung kommt es zu der Schnellbewegung. Die Drahtwürmer befressen vornehmlich die Wurzeln, unter Umständen gehen sie aber auch auf die oberirdischen, vor allem weichen Teile der Pflanze über. Vorsichtig muß man besonders bei Pflanzen sein, die im Sommer im Freien stehen, zumal sich bei einer mittleren Lebensdauer der Larven im Boden von etwa 5 Jahren Spätschäden einstellen können.

Raupen

Für Kakteen sind nur wenige Raupen, d. h. Larven von Schmetterlingen von Belang. Allerdings muß den Erdeulen-Raupen (*Agrotis*) Beachtung geschenkt werden, besonders im Herbst, wenn Pflanzen vom Freiland in das Gewächshaus verbracht werden. Sie bevorzugen bei ihrer Freßtätigkeit weiche Pflanzen, z. B. *Rebutia*- und *Sulcorebutia*-Arten, in die sie während einer Nacht Löcher bis zu 3 cm Durchmesser fressen. Pro Einzeltier können diese nächtlichen Räuber in einer Woche 5–6 Pflanzen auffressen. Bei beobachteten Anfangsschäden lohnt es sich demnach, etwa 1–2 Stunden nach Eintritt der Dunkelheit mit Licht den Pflanzenbestand abzusuchen.

Schnecken

Die Landschnecken gehören der Gruppe der Lungenschnecken *(Pulmonata)* an. Schabe- und Lochfraß und getrocknete, silbrig glänzende Schleimspuren auf Pflanzen, Tischen, Töpfen usw. weisen auf die Anwesenheit von Schnecken hin. Als feuchtigkeitsliebende, oft nachtaktive Tiere gelten für sie etwa die gleichen Vorbeugungsmaßnahmen, wie für Kellerasseln: Beseitigung möglicher Schlupfwinkel, Wegfangen von Einzeltieren. Stärkerer Dauerbefall muß mit Spezialmitteln bekämpft werden.

Ameisen

Ameisen kommen nahezu überall vor und können u. a. durch ihre Massierung dem Menschen, der sie auf der anderen Seite wegen ihrer Aktivität, ihrem Fleiß und ihrer Emsigkeit bestaunt, lästig werden. Die Lebensweisen der verschiedenen Ameisenformen sind z. T. recht unterschiedlich; viele Arten sind staatenbildend. Obgleich sie an den Pflanzen selbst keine Schäden anrichten, sieht sie der Kakteenzüchter nicht gerne in seiner Sammlung. Sind sie nämlich erst einmal da, dann bleibt es nicht aus, daß sie in die bepflanzten Töpfe eindringen, mit dem Verschleppen der Erde die Pflanze untergraben und damit Wasser- und Nährstoffversorgung gefährden oder daß sie Blatt- und Wurzelläuse verschleppen und ausbreiten. Zwischen diesen und den Ameisen besteht nämlich eine Art Haustierhaltung: Durch »Betrillern« mit ihren Fühlern veranlassen die Ameisen die Blattläuse zur Abgabe von Honigtau und bieten dafür den Läusen Schutz, indem sie ihre Feinde verjagen oder töten. Honigtau ist ein wirksamer Nährboden für Rußtaupilze, ähnlich wie das aus den Drüsendornen und Achseln der Kakteen stammende Sekret, das von den Ameisen gerne angenommen und auf der Pflanze verschmiert wird. Läßt sich feststellen, wo sich das Ameisennest befindet, kann man es ausheben, wobei wichtig ist, daß man auch die Königin mitfängt. Halten sich die Ameisen in den Töpfen auf, so werden die Pflanzen über einen Plastikbeutel ausgetopft und der Erdballen tüchtig ausgeschüttelt. Dann kann neu eingetopft werden. Der abgedichtete Plastikbeutel wird beseitigt.

Mäuse

Gelegentlich werden Schäden durch Mäuse angerichtet, die die Pflanzen benagen und die Beeren von den Kakteen abbeißen. Die Beseitigung solcher Einzelschädlinge dürfte mit den üblichen Mitteln kein Problem sein.

Schäden durch Pflanzen

Krautige Pflanzen

Neben Beeinträchtigungen der Pflanzen durch Tiere, gibt es viele Erkrankungen und Störungen, die von Pflanzen verursacht werden. Es kann sich dabei um Unkraut, Algen und Pilze handeln. Hier sei zuvor auf Pflanzen verwiesen, die indirekte Beeinträchtigungen in einer Kakteensammlung verursachen können.
Der Sauerklee *(Oxalis spec.)* als Wirtspflanze für Wurzelgallenälchen wurde bereits erwähnt. Als recht zählebiges Unkraut kommt er häufig in Kakteensammlungen vor, in denen er sich dank reicher Samenbildung, leichter Verbreitbarkeit und guter Haftfähigkeit der rauhen Samen rasch und intensiv ausbreiten kann. Vor allem, wenn die Samen unmittelbar neben jungen Keimpflänzchen auskeimen, sollte man sie schnellstens entfernen, da sie nicht nur rasch eine stattliche Pfahlwurzel ausbilden, sondern ganz leicht an jedem Knoten der kriechenden Stengel Wurzeln treiben. Ebenfalls möglichst früh beseitigt werden soll eine hier nicht näher zu bestimmende Euphorbiacee, die in Sammlungen hin und wieder störend auftritt. Nicht weniger lästig kann die Vogelmiere *(Stellaria media)* werden, die überdies eine geeignete Wirtspflanze für die Weiße Fliege ist und schnellstens beseitigt werden sollte.

Algen

Auf feuchten Bodenoberflächen können oft Algen zum Teil als zusammenhängende Schicht auftreten. Meist sind es Grünalgen, z. B. *Protococcus viridis.*
Um Algenbildung zu vermeiden, muß man die Oberfläche der Topferde immer wieder abtrocknen lassen. Eventuell muß man sie auch länger, etwa 2 Wochen trocken halten. Der Belag vertrocknet so und kann dann als ganzes von der Oberfläche der Topferde abgenommen werden. Bei Sämlingen, die mehr Feuchtigkeit benötigen als Altpflanzen ist dies mitunter recht schwierig. Hier muß auf Verpflanzen in gedämpfte, kalkarme Erde mit pH-Wert 5,5–6 ausgewichen wer-

den. Eventuell muß der Vorgang nach 3–4 Monaten wiederholt werden. Kalkreiche Substrate fördern Algenbewuchs.

Moose

Eigentlich sollten Sämlinge nicht so lange in demselben Boden bleiben, daß sich Moose entwickeln können. Sollte es dennoch vorkommen, muß umgetopft werden.

Pilze

Auf der Erde gibt es eine Vielzahl von Pilzarten. Die meisten von ihnen haben die wichtige Aufgabe, an dem natürlichen Abbau des Bestandsabfalles mitzuwirken und dadurch wieder Stoffe in den Kreislauf der Natur zurückzuführen. Einige gehen mit anderen Pflanzen Lebensgemeinschaften (Symbiosen) ein, wie wir das z. B. von Nadelhölzern oder Orchideen wissen. Gemessen an der riesengroßen Zahl von nützlichen Pilzen ist die Gruppe echter pilzlicher Parasiten nicht so groß. Für sich betrachtet allerdings besteht sie dennoch aus einer beachtlichen Anzahl von Arten. Sie leben auf Kosten ihrer Wirtspflanze. Dabei siedeln sie sich nicht nur an den Wurzeln, sondern auch an anderen Stellen an.
Parasitäre Pilze stören bei der Kakteenhaltung besonders in Anzucht und Kultur der Sämlinge. Das in diesem Buch empfohlene Aussaatverfahren ist geeignet, einen Befall vor dem Pikieren nicht so schnell zustande kommen zu lassen. Das ändert sich aber sehr rasch, sobald pikiert wird. Freilich kann man durch Dämpfen der Erde schon erheblich vorbeugen und Angießen mit einer richtig dosierten Benomyl-Lösung unmittelbar nach dem Pikieren verspricht einige Wirkung.
Es gibt eine ganze Reihe verschiedener Pilze. Einige sehen wir kaum oder man findet höchstens ganz dünne Fädchen, die sich zwischen die Bodenteilchen schieben; wieder andere sind von derberer Struktur und überziehen den Boden als vliesartige Masse. Ein andermal sehen wir ein deutliches Myzel (Pilzgeflecht) aus dem sich eines Tages ein Fruchtkörper in Form eines »Pilzes« erhebt. Diese Pilzchen sind in der Regel gelblich oder cremefarben, leicht beschuppt und haben einen knollenförmig verdickten Fuß. Dieser, auch nach eigener Erfahrung völlig ungefährliche Pilz besiedelt Pflanzenreste, z. T. auch abgestorbene Wurzelreste und im Substrat vorhandene Torfstückchen. Er ist ein Saprophyt, und heißt *Leucoprinus birnbaumii.* Er wurde aus warmen Gebieten Amerikas eingeschleppt.
Befall von Sämlingen durch parasitische Pilze führt meist zu schneller Fäulnis der Wurzeln. In der Regel beginnt dieser, Brand oder Wurzelhalsfäule genannte Befall am Wurzelhals und geht von da zur Wurzel und auch zum Pflanzenkörper. Solche Pflanzen müssen zusammen mit der ganzen Erde restlos vernichtet und beseitigt werden. Auch der Standort der Pflanze muß tüchtig gesäubert und desinfiziert werden. 1 Woche lang wird dann nicht gegossen. Die Sämlinge werden offen, möglichst hell, aber keinesfalls in grelle Sonne gestellt. Wenn ein Sonnenschutz nötig ist, darf er nicht unmittelbar über den Pflanzen angebracht werden. Nach 7 Tagen muß nochmals ein Pilzbekämpfungsmittel angewendet werden. Da man als Laie normalerweise nicht in der Lage ist, evtl. vorhandene Pilze zu bestimmen, ist es zweckmäßig, einige pilztötende Präparate anzuwenden, z. B. Benomyl. Nach der Behandlung wird 1 Woche gewartet, bis wieder gegossen werden kann.
Im baldigen Frühjahr kann es vorkommen, daß einige Pflanzen plötzlich ausfallen und in sich zusammensinken. Offenbar hat während des Winters ein Pilz die Wurzeln befallen und schließlich den ganzen Pflanzenkörper erfaßt. Solche Pflanzen werden sofort aus dem Bestand genommen und restlos vernichtet, um eine evtl. Ausbreitung des Erregers zu vermeiden.
In Sammlungen von Kakteenfreunden, aber auch in Gärtnereien tritt im Winter und im Frühjahr bei den Pflanzen eine Schwärzung des Kopfes auf, die sog. Kopf- oder Schwarzfäule, wegen ihres Vorkommens auf wildwachsenden Pflanzen in Chile auch Chilenenfäule genannt. Pflanzen dieser Gruppe sind meist Winterblüher. Feuchtigkeit im Knospenbereich, in Verbindung mit einigen kalten, lichtarmen Tagen, dürften der Krankheit Vorschub geleistet haben. Vielleicht können zeitige, gute Abhärtung im Oktober und völlige Winterruhe im November und Dezember eine gewisse Barriere gegen die Krankheit sein.
Entdeckt man den Befall noch im Frühstadium und sind die tieferen Gewebepartien der Pflanze noch nicht betroffen, dann kann man evtl. durch Abtrennen des Kopfbereiches noch den unteren Teil der Pflanze retten, um später Ableger davon zu gewinnen.

Bakterien und Viren

Neben einer Vielzahl für Pflanzen bzw. für den Boden nützlicher, oft sogar sehr nützlicher Bakterienarten, gibt es auch bei diesen Einzellern pflanzenschädliche Formen. Neuerdings wurden auch Viren bei Kakteen festgestellt. Über beide Gruppen von Schaderregern ist aber noch zu wenig bekannt, sowohl hinsichtlich ihrer Verbreitung, wie insbesondere über die Bekämpfung.

Sachwortregister

Register der Pflanzennamen

Die jeweils erstgenannten Zahlen beziehen sich auf die Nummern der Fotos im Bildteil. Die anschließend genannten, mit S. bezeichneten Zahlen, sind Seitenzahlen des Textteils.

200 Kakteen in Farbe

A

B

C

A. Blühende Kakteen
Das Bild zeigt vorwiegend *Rebutia*-Arten in voller Frühjahrsblüte.

B. Ausstellung
Ein kleiner Ausschnitt einer Kakteenkollektion im Gewächshaus.

C. Ausstellung
Ein Teil der Sammlung des Autors auf einer Ausstellung im Frühjahr 1977 in Rotterdam.

D

E

D. Eine gute Kakteenkollektion
Das kleine Gewächshaus von 3,5 × 2,5 m ist an eine Mauer gebaut und hat ein Pultdach. An beiden Seiten des 60 cm breiten Mittelganges befinden sich 90 cm breite Pflanzentabletts. Es handelt sich um eine außergewöhnlich gut versorgte gemischte Kakteensammlung.

E. Eine schöne Sammlung von Kugelkakteen,
hauptsächlich *Neoporteria, Pyrrhocactus, Rebutia, Sulcorebutia, Mediolobivia, Parodia, Mammillaria, Astrophytum* und *Copiapoa.* Obwohl die Pflanzen noch sehr klein sind, haben die meisten schon Blüten. Alle stehen in Plastiktöpfen ohne Untersetzer auf einer Eternitplatte.

F. Säulenkakteen
Die Säulenkakteen sind als Zimmerpflanzen oft viel zu groß. Im Gewächshaus dagegen entwickeln sie sich sehr gut.
Das Foto zeigt verschiedene Arten der Gattungen *Espostoa, Haageocereus, Oreocereus, Cleistocactus, Seticereus, Trichocereus* u. a.

F

1. Pereskia aculeata (Plum.) Mill.
Die größte Ähnlichkeit mit Blattpflanzen findet man bei den Arten der Gattung *Pereskia.* Sie besitzen noch »normale« Zweige und Blätter und können sich zu Strauch- und Baumformen entwickeln. Der Bau ihrer Areolen ist abweichend. Außer den normalen Dornen befinden sich die sog. Kletterdornen an der Unterseite der Areole. Die Blüten sind ziemlich groß und schalenförmig. Im allgemeinen sind *Pereskia*-Arten einfach zu halten. Wenn sie im Winter zu kalt stehen, verlieren sie oft ihre Blätter.

1

2

2. Pereskiopsis velutina Rose
Diese Art hat dünne Triebe und fleischige Blätter. Wenn man sie wachsen ließe, würde sie gut 120 cm erreichen. Die Blüten sind hellgelb. Die jungen Triebe dieser Pflanze werden häufig als Pfropfunterlage für Sämlinge verschiedener Arten benutzt.

3

3. Pfropfungen auf Pereskiopsis velutina
Das Bild zeigt 1 Jahr alte, auf *Pereskiopsis velutina* gepfropfte, prächtig entwickelte Sämlinge. Im Vordergrund eine *Copiapoa* im Blühbeginn.

4. Cylindropuntia subulata
(Mühlpfordt) Eng.
Diese altbekannte Art wird auch viel für den Handel gezogen. Im Gegensatz zu den Scheibenopuntien, die ihren jährlichen Zuwachs in Form von Scheiben ausbilden, wachsen die Cylindropuntien stetig weiter, doch bilden sich an den weiterwachsenden Stämmchen neue Triebe. Unter den Areolen befinden sich stielrunde Blättchen, die nach einigen Monaten abfallen. *Cylindropuntia subulata* ist schnellwüchsig und kann bei günstigen Bedingungen in einem Jahr leicht um 50 cm größer werden. Diese Art wird manchmal als Pfropfunterlage für andere *Opuntia*-Arten und *Tephrocactus* verwendet.

5. Opuntia dillenii (Ker. Gawler) Haw.
Die Pflanzen werden von verschiedenen Betrieben im ganzen Mittelmeerraum bis zur Blüte herangezogen und bei Knospenansatz nach ganz Europa versandt. Diese Art hat große, hell graublaue Scheiben. Die langen, meist gelblichen Dornen sitzen vornehmlich an den Scheibenrändern. Bei geringer Besonnung werden nur wenige oder gar keine Dornen ausgebildet. Die Blüten sind gelb bis rötlich. Die Pflanzen sind einfach zum Blühen zu bringen. *Opuntia dillenii* ist sehr variabel. Sie wurde von Liebhabern von Amerika aus in die wärmeren Länder der Welt verbreitet.

6. Opuntia basilaris var. cordata Fobe
Hierbei handelt es sich um eine immer seltener in den Liebhaber-Sammlungen anzutreffende Varietät. Sie hat sehr schöne blauviolette, herzförmige (*cordata* = herzförmig) Scheiben mit regelmäßig angeordneten braunen Areolen. Sie ist keine einfache Pflanze und eignet sich mehr für die Haltung im Gewächshaus. Auf eigener Wurzel wächst sie langsam. Sie ist anfällig für Erkrankungen der Wurzel und kümmert dann leicht. Sie läßt sich auf *Opuntia bergeriana* oder *Cylindropuntia subulata* pfropfen. Auch im Sommer muß mit Bedacht gegossen werden. Die Pflanzen verlangen mit Kies vermischte, sandige, aber nährstoffreiche Erde.

4

5

6

7

8

7. Opuntia microdasys (Lehm.) Pfeiff. **f. undulata** (Hort.)
Diese Art ist weitbekannt, weil man ihr viel in den Sortimenten der Blumenhändler begegnet. Sie hat keine Dornen, jedoch in den Areolen dichte Büschel gelber Glochiden. Diese lösen sich leicht von der Pflanze, dringen in die Haut ein und haften dort mittels ihrer Widerhaken und verursachen heftigen Juckreiz. Im Hinblick auf Kinder und Haustiere müssen sie daher im Haus einen gesicherten Platz haben. Ansonsten sind es sehr hübsche Pflanzen. Auf dem Bild ist eine monströse Form dargestellt, bei der die Regelmäßigkeit des Areolenmusters gestört ist und die sonst flachen Scheiben in verschiedener Weise gebogen sind. Die Art ist leicht zu halten. Im Winter sollte sie bei einer Temperatur von 8–12°C stehen und lediglich wenige Tropfen Wasser bekommen. Opuntien werden leicht von Wolläusen befallen. Rechtzeitiges Eingreifen ist notwendig.

8. Opuntia picnantha Eng.
Dies ist eine sehr schöne Art mit einem hübschen Areolenmuster. Die Areolen sind orange-braun gefärbt. Die Dornen sind weiß und nach unten gerichtet. Pflanzen dieser Art trifft man häufig in Sammlungen. Im Verlauf einiger Jahre können sie tüchtig wachsen. Sie verlangen gute, nahrhafte Erde, viel Wärme und im Winter Temperaturen von 8–12°C.

9. Opuntia phaeacantha var. camanchica (Eng.) Borg
Eine winterharte Art, die auch im Steingarten angepflanzt werden kann. Der Boden muß gut durchlässig, tiefgründig und mit Naturstein, jedoch nicht Kalkstein, durchsetzt sein. Frost und Schnee schaden nicht. Schutz vor zu viel Regen ist notwendig. Blüte im Mai. Die großen, hellgelben Blüten werden viel von Bienen und Hummeln besucht.

10. Rhipsalidopsis gaertneri (Reg.) Moran
Dieser Gliederkaktus aus Brasilien zeigt im Frühjahr schöne orangerote Blüten. Bei älteren Pflanzen kann die Masse der Blüten die grünen Glieder völlig verdecken. Die Einzelblüte hält einige Tage, die Blühdauer der ganzen Pflanze erstreckt sich auf 2–3 Wochen. An den äußeren Enden der Glieder erscheinen oft mehrere Knospen gleichzeitig.
Auf eigener Wurzel sind besonders die jungen Pflanzen weniger kräftig als gepfropfte. Als Pfropfunterlagen eignen sich kleine *Pereskia*-Stämme und *Selenicereus*-Stämme (immer Spaltpfropfung!). Pflanzen auf eigener Wurzel benötigen grobe Walderde mit viel Torfmull und etwas Sand.
Ältere Pflanzen bilden breite, nach allen Seiten herabhängende Kronen aus. Die Blütenknospen erscheinen im Januar. Von da ab dürfen die Pflanzen nicht mehr verstellt werden. In der Blüte muß viel Wasser gegeben, nach der Blüte umgetopft werden. Pflanzen im Sommer vor grellem Sonnenlicht schützen! Ab Ende August weniger gießen, im November und Dezember pausieren. Die Überwinterungstemperatur beträgt 8–12°C.

11. Nopalxochia-Hybride
Einer ihrer Eltern ist *Nopalxochia phylanthoides* (D. C.) Br. et R. Diese Art ist Ursprung vieler hübscher Hybriden.
Die gesamte Blühzeit beläuft sich auf 3 Wochen. Die recht kräftigen Pflanzen können gut Sonne vertragen. In Mitteleuropa werden sie im Sommer häufig vor die Fenster gestellt und bringen dann ein Meer von Blüten hervor. Sie verlangen gute, humushaltige Erde, im Sommer reichlich Wasser, dem ab und zu etwas aufgelöster Kuhmist beigefügt werden soll. Im August und September brauchen sie eine Ruhezeit. Kühl überwintern. Vermehrung durch Stecklinge.

9

10

11

12

12. Phyllocactus-Hybride
Phyllocactus-Arten haben lange, flache oder dreikantige Triebe. Aus den zahlreichen Kreuzungen dieser Gruppe sind viele prächtige Hybriden hervorgegangen. Es sind überwiegend Epiphyten. Gute Erde mit etwas Torfmull und gelegentliche Zugabe von verdünntem Kuhmist während des Sommers sind zu empfehlen. Nach der Blüte muß umgetopft werden. Der Standort soll bei viel frischer Luft nicht zu sonnig sein. Im Winter trocken halten. Wenn die Knospen erscheinen, nicht mehr drehen und Wassergaben steigern. Vermehrung durch Stecklinge.

13

13. Phyllocactus-Hybride
Diese Hybride erfreut uns mit sehr großen, prächtigen rosa Blüten. Sollen die Pflanzen reich blühen, müssen sie zügig durchwachsen. Exemplare mit 15–25 Trieben in 20–28er Töpfen vermögen 30–50 und mehr Blüten hervorzubringen.
Über die Behandlung von *Phyllocactus*-Arten gibt das Kapitel »Kultur« Auskunft.

14

14. Selenicereus grandiflorus
(L.) Br. et R.

15. Selenicereus grandiflorus var. tellii (Hort.) Borg
Die in der freien Natur kriechende, kletternde und schlingende Art hat ziemlich dünne, aber sehr lange Triebe. Sie wird auch »Königin der Nacht« genannt. Ihre Blüten erreichen einen Durchmesser von ca. 30 cm. Die Varietät *tellii* ist im Wuchs kleiner und hat auch kleinere Blüten. Sie blüht viel schneller und zeigt einige Jahre nach dem Stecken bereits 22–25 cm große Blüten. *Selenicereus* verlangt höhere Luftfeuchtigkeit. Tägliches Sprühen oder leichtes Brausen ist daher zu empfehlen. Die Erde muß nahrhaft sein und etwas Humus enthalten. Im Winter nicht zu kalt stellen, am besten bei 8–12°C. Junge Triebe von *Selenicereus* werden oft für Sämlingspfropfungen gebraucht.

15

16. Aporocactus x smithii Pfeiff.
Dieser schnellwüchsigen Hybride begegnet man auch unter der Bezeichnung *Aporocactus mallisonii* Hort. Sie ist eine Kreuzung zwischen *Aporocactus flagelliformis* (L.) Lem. und *Heliocereus speciosus* (Gavan) Br. et R. An den dünnen, nach unten hängenden Zweigen erscheinen im Frühjahr viele prächtige rosarote Blüten. Im Winter kühl halten. Um das Austrocknen der Spitzen zu vermeiden, muß ab und zu etwas Wasser gegeben werden. Nach der Blüte in mit abgelagertem Kuhmist versetzte Erde umtopfen.

16

17. Erdisia quadrangularis Rauh et Backbg.
Diese Art mit dünnen, überall hinkriechenden, meist vierrippigen Trieben stammt aus Süd-Peru und wächst dort in Höhenlagen von 3300 m. An ein- und derselben Pflanze können auch fünf- und sechsrippige Triebe vorkommen. Die schönen orangefarbenen Blüten erscheinen gleichzeitig an mehreren Stellen. Als Zimmerpflanze ist sie wegen der überlangen Triebe weniger geeignet. Man hat aber viel Freude an dieser Pflanze, wenn man die Triebe über ein Gerüst oder entlang der Gewächshauswand leitet. Sie verlangt gute, nährstoffreiche, mit Kies versetzte Erde, im Sommer viel Wärme sowie eine kühle und trockene Überwinterung.

18. Oreocereus fossulatus var. flavispinus (Lab.) Backbg.
Diese weißwollige Art mit ihren gelben Dornen ist immer ein stattliches Prachtstück in einer Sammlung. *Oreocereus*-Arten werden am besten auf guten Unterlagen, wie z. B. *Trichocereus spachianus* oder *Trichocereus macrogonus* gezogen. Nach geraumer Zeit blühen sie mit röhrenförmigen, violett-roten Blüten.

17

18

19

19. Loxanthocereus gracilis (Akers et Buin.) Backbg.
Die aus Peru stammende schnellwüchsige Art wurde ursprünglich unter der Bezeichnung *Maritimocereus gracilis* Akers et Buin beschrieben und später von Backeberg zur Gattung *Loxanthocereus* gestellt. Die in der Länge ungleichen Dornen können farblich von Hellgelb bis Dunkelbraun variieren. Die Blütenröhre der zygomorphen Blüten ist leicht behaart und orange gefärbt. Braucht nährstoffreiche Erde und im Sommer viel Wasser. Im Winter kühl und trocken halten. Gepfropfte Pflanzen wachsen langsamer. Diese Art ist für Anfänger gut geeignet.

20. Bolivicereus samaipatanus Card.
Diese reichblühende Art ist eine Zierde in jeder Sammlung. Sie ist schnellwüchsig und verzweigt sich rasch. Bereits 50–60 cm hohe Pflanzen blühen. Die prächtig roten Blütenblätter sind weiß umrandet. Die Staubbeutel sind violett, ebenso der Blütenstaub; der Stempel ist hell gelbgrün. Die Pflanzen benötigen nährstoffreiche, mit Kies versetzte Erde und ausreichend große Töpfe. Im Sommer muß reichlich Wasser gegeben, im Winter trocken und bei 6–8°C gehalten werden.

21. Seticereus icosagonus (H. B. K.) Backbg.
Die aus Südamerika stammende Art ist eine der hübschesten Säulenkakteen. Die vielen Rippen sind dicht mit goldgelben Dornen besetzt, zwischen die sich mit Erreichen der Blühreife am Kopf lange gelbe Borsten schieben. Der Scheitel gleicht dadurch förmlich einem Schopf. Die orangefarbenen Blüten sind röhrenförmig und erscheinen bei älteren Exemplaren zu mehreren gleichzeitig. Auf eigener Wurzel ist das Wachstum langsam. Auf kräftiger *Trichocereus-spachianus*-Unterlage lassen sie sich gut pfropfen. Junge Pflanzen müssen nach 2 Jahren umgepfropft werden, weil ihre Basis für die schweren Köpfe zu dünn ist. In der Natur liegen die langen Körper, die sich nach allen Seiten verzweigen auf dem Boden und nur die Köpfe ragen hoch. Wenn gepfropfte Pflanzen eine Höhe von etwa 25 cm erreicht haben, ist es zweckmäßig, sie mit einem Bambusstöckchen zu stützen. Ansonsten sind sie problemlos.

20

21

22

22. Cleistocactus spec.
Diese noch nicht beschriebene Art ist verwandt mit *Cleistocactus baumannii* und *Cleistocactus grossei*, jedoch viel schlanker und stark bedornt. Sie ist ein unproblematischer Blüher, dessen Blütezeit 3 Monate andauert. 3–4 Jahre alte Sämlinge blühen bei einer Länge von 40 cm schon regelmäßig. Pfropfung ist nicht notwendig. Die Pflanzen brauchen nährstoffreiche, aber sandige Erde und überwintern bei 6–8°C. Wie die meisten anderen *Cleistocactus*-Arten ist auch sie leicht aus Samen zu ziehen.

23

23. Cleistocactus wendlandiorum Backbg.
Die schöne, dicht gelblich-weiß bedornte Art kommt aus Bolivien. Die Pflanzen verzweigen sich an der Basis. Die typisch gebogenen, röhrenförmigen Blüten erscheinen oft in großer Zahl. Diese Art wächst auf eigener Wurzel nicht schnell. Daher ist Pfropfung günstiger. Als gute Unterlage eignet sich *Trichocereus spachianus.* Verträgt im Sommer viel Wärme und braucht dann viel Wasser. Im Winter kühl halten. Vermehrung durch Aussaat.

24

25

26

24. Cephalocleistocactus spec.
Die meisten Arten dieser Gattung verzweigen sich. Sie sind in hohem Maße denen der Gattung *Cleistocactus* ähnlich, unterscheiden sich von diesen aber dadurch, daß sie zu Blühbeginn an den Scheiteln eine lange und dichte Borstenbehaarung bekommen. Die Gattung hat viele hübsche Blüher, deren Aufzucht sich lohnt.

25. Azureocereus hertlingianus (Backbg.) Backbg.
Die Stämme dieser prachtvollen, blauen Art werden in der Natur bis zu 8 m hoch und haben dann einen Durchmesser von 30–35 cm. In Kultur erreichen sie diese Maße nicht. Doch lohnt es sich sie in der Sammlung zu haben, auch wenn sie kaum blühen. Sämlinge müssen nach 3 Jahren einmal abgeschnitten und neu bewurzelt werden, um zu kräftigeren Pflanzen zu kommen.

26. Oreocereus celcianus (Berg.) Ricc.
Die Pflanzen dieser Art werden sehr stark. Sie tragen braune lange und kräftige Dornen und schneeweiße, manchmal sehr lange Haare. Aufzucht aus Samen ist einfach. Die Sämlinge entwickeln sich rasch und verschönern bald die Sammlung. Die Pflanzen sind einfach zu halten. Sie sollen aber nie in den Scheitel gegossen werden. Pfropfung ist nicht notwendig.

27

28

29

27. Denmoza erythrocephala
(K. Sch.) Berg.
Ein Kugelkaktus aus Argentinien, dessen Jungpflanzen kugelförmig sind, während die älteren Exemplare dick und kurz-säulenförmig werden. Sie wachsen ziemlich langsam, aber stetig und blühen erst nach 6–8 Jahren. Wegen ihrer schönen roten Bedornung und den vielen dazwischen geschobenen Borstenhaaren sind die Pflanzen bei Liebhabern gern gesehen. Aus der aufrecht stehenden Blütenröhre mit ihren geschlossenen Blütenblättern pressen sich Stempel und Staubbeutel hervor. Die Pflanzen verlangen grobe, eher schwere und nährstoffreiche Erde. Überwintern soll man bei 6–10°C. Kann sehr leicht aus Samen gezogen werden.

28. Matucana paucicostata Ritter
Die Art stammt aus Peru. Die Pflanzen blühen im Sommer wiederholt, wobei die Blühzeit der Einzelblüte etwa 3 Tage beträgt. Leichte, nährstoffreiche Erde und viel Sonne sind notwendig. Aufzucht aus Samen ist am günstigsten. Pfropfung ist nicht erforderlich. Eignet sich auch als Zimmerpflanze.

29. Trichocereus spachianus
(Lem.) Ricc.
Zu den regelmäßig als Pfropfunterlage gebrauchten Arten gehört dieser schnellwüchsige *Trichocereus.* Er treibt an der Basis leicht neue Sprosse. Es ist lohnend, einige weiterwachsen zu lassen. Die Blüten sind weiß und werden bis zu 20 cm lang und 15 cm breit.

30. Matucana weberbaueri
(Vpl.) Backbg.
Peru ist die Heimat dieser Art, deren Vertreter auf eigener Wurzel breit gedrungen und kugelförmig werden. Gepfropft werden sie zwar länger, verlieren aber nichts von ihrer Schönheit. Sie sind dicht mit gelben Dornen besetzt. Auch die typisch zygomorphen Blüten sind gelb. Die Überwinterung soll kühl und trocken erfolgen. Eine echte Liebhaberpflanze.

30

31

31. Trichocereus schickendantzii
(Web.) Br. et R.
Auch diese Art wird als Pfropfunterlage verwendet. Wenn sie durchwächst, verzweigt sie sich bald und großflächig. Die Stämmchen werden 25–30 cm hoch. Die weißen, schön gestalteten Blüten werden 22 cm lang und 14 cm breit. Aber nicht alle Exemplare kommen zur Blüte. Umso reichlicher ist die Blütenentfaltung bei den wenigen Blühern.

32

32. Trichocereus macrogonus (S. D.) Ricc.
Die Vertreter dieser dunkel blaugrünen Art sind gutwüchsig und erreichen Höhen von 2 m und mehr. Häufig werden sie als Pfropfunterlage verwendet, besonders bei stärkeren Partnern wie *Espostoa* u. ä. Ihre Blüten werden 18 cm lang und 12 cm breit.

33. Trichocereus candicans (Gill.) Br. et R.
Die Stämme erreichen hier eine Länge von 60–90 cm und eine Dicke von 10–14 cm. Die Bedornung ist stark, die gelben Dornen werden bis zu 8 cm lang. Die Blüten sind weiß und ca. 20 cm lang. Es gibt prächtige Exemplare mit mehrtriebigem Wuchs durch Sproßung an der Basis.

34. Haageocereus acranthus (Vlp.) Backbg.
Die Gattung *Haageocereus* ist recht umfangreich. Sie umfaßt viele dicht bedornte Arten, die zumeist in Peru beheimatet sind. Die hier angeführte Art entwickelt ziemlich dicke Säulen. Die Areolen sind groß und gelbbraun. Die kräftigen Dornen werden 1–5 cm lang. Die meisten *Haageocereus*-Arten blühen spät; Voraussetzung ist, daß die Pflanzen bereits verhältnismäßig groß sind und bei ziemlich hohen Temperaturen gehalten wurden. Sie sind in Sammlungen gut zu halten, vor allem wenn sie auf eine passende Unterlage, wie *Trichocereus spachianus*, gepfropft sind.

33

34

35. Trichocereus fulvianus Ritter
Die Heimat dieser sehr ansprechenden Art ist Nord-Chile. Bereits am Sämling dieser dunkelgrünen Pflanzen sind die schönen dunkelbraunen Dornen mit ihrer gelben Basis deutlich zu sehen. Die Areolen sind groß, hellbraun, bisweilen orangebraun. Die Pflanzen blühen in der Regel bei ca. 80 cm Höhe. Die großen weißen Blüten, die scheitelnah stehen, haben eine sich nach außen öffnende Blütenröhre. Die Art eignet sich gut für Sammlungen.

35

36

36. Chamaecereus silvestrii (Speg.) Br. et R.
Vertreter dieser Art mit ihren Gruppen von Kurzgliedern findet man verbreitet in Sammlungen. Ihre ansprechenden orangeroten Blüten erscheinen in großer Zahl, wenn die Pflanzen nach Abhärtung im Herbst bei 3–6°C überwintert werden. Unmittelbar nach der Blüte muß in gute, nährstoffreiche Erde umgetopft werden. Die Pflanzen lassen sich im Sommer gut im Freien halten und werden dort sogar schöner als im Haus. Stetig gießen!

37

38

39

37. Pseudolobivia rojasii var. albiflora
(Card.) Backbg.
Pflanzen dieser Art geben in der Pflege keinerlei Probleme auf und sind, vorallem in Verbindung mit ihrer großen Blühfreudigkeit, besonders für Anfänger geeignet. Die Blüten ähneln der anschließend beschriebenen Art, sind aber kürzer und breiter als bei dieser.

38. Pseudolobivia ancistrophora
(Speg.) Backbg.
In ihrer Heimat Argentinien wachsen diese Pflanzen in Höhen von 1500–2000 m. Junge Sämlinge blühen bereits, wenn sie einen Durchmesser von ca. 4 cm haben. Die zierlichen weißen Blüten werden ungefähr 12–16 cm lang. Pfropfung ist nicht erforderlich, Aufzucht aus Samen ist gut möglich. Die Pflanzen verlangen nährstoffreiche Erde und im Herbst eine zusätzliche Düngergabe.

39. Pseudolobivia leucorhodantha
(Backbg.) Backbg.
Diese Art steigt in ihrer Heimat bis auf 3000 m auf. Die flachkugeligen Pflanzen haben 18–20 Rippen mit ziemlich scharfen Kanten. Die inneren Blütenblätter sind weiß, die äußeren rosa gefärbt. Die Art ist, wie die meisten dieser Gattung, leicht zu pflegen und kann gut durch Aussaat vermehrt werden. Pfropfung ist nicht notwendig. Im Sommer braucht sie viel Feuchtigkeit, überwintert werden will sie kühl und trocken.

40. Lobivia arachnacantha
Buining et Ritter
Die Pflanzen dieser Art sind klein und wachsen in Bolivien in Höhen bis zu 2000 m. Für den Anfänger sind sie sehr geeignet, da sie auch auf eigener Wurzel wachsen und sehr bald ihre schlanken, trichterförmigen, tiefgelben bis orangefarbenen Blüten ausbilden. Daneben kommen rotblühende Formen vor. Zur Pfropfung eignet sich *Eriocereus jusbertii.* Die Erde soll sandig und nährstoffreich sein. Im Sommer muß tüchtig gegossen werden. Zur Überwinterung sind Temperaturen von 6–8°C und ein trockener Standort nötig. Vermehrung durch Aussaat ist zu empfehlen; die Sämlinge sind oft tief dunkelbraun.

41. Lobivia arachnacantha var. sulphurea Vasqu.
Die schwefelgelben Blüten dieser Varietät sind größer als bei *L. arachnacantha,* der Pflanzenkörper dunkler braunviolett.
Die Pflanzen sind einfach zu pflegen und leicht zur Blüte zu bringen. Bei Pfropfung auf *Trichocereus schickendantzii* (Web.) Br. et R. sprossen sie an der Basis stark aus und bilden großflächige Gruppen. Die Blüte kann dann überwältigend sein. Man muß allerdings darauf bedacht sein, daß im ersten Jahr regelmäßig der Austrieb am Stamm beseitigt wird. (Im zweiten Jahr unterbleibt er von allein).

42. Lobivia amblayensis Rausch
Blütenfarbe und Bedornung der dunkel braungrün gefärbten Pflanzen sind sehr variabel. In der dichten Dornenhülle sind die Dornen stark seitwärts gerichtet. Die Areolen stehen dicht beieinander. Im zeitigen Frühjahr erscheinen an den zylinderförmigen Stämmchen kleine Wollpfröpfchen, die zu leuchtend orangeroten, im Inneren dunkler getönten Blüten auswachsen. Auf eigener Wurzel blühen die Pflanzen bereits im dritten Jahr. Sie verlangen im Sommer viel Wasser und im Winter einen kühlen Standort (6–8°C). Die Pflanzenerde muß nährstoffreich sein. Vermehrung durch Aussaat.

40

41

42

43

43. Lobivia kuehnrichii var. pencopoma (Blossf.) Fric.
Aus den Hochgebirgen Nord-Argentiniens stammt diese kleinwüchsige Art, die bereits als 2–3jähriger Sämling Blüten trägt. Ihrer Herkunft aus dem Hochgebirge gemäß, empfiehlt sich ein kühler Standort mit viel frischer Luft und guter Wasserversorgung im Sommer. Pfropfung ist möglich, die Pflanzen können aber auch gut auf eigener Wurzel in nahrhafter Erde gezogen werden. Überwinterung kühl und trocken.

44

44. Lobivia longispina Br. et R.
Diese Art fällt durch ihre starken, dunkelbraunen und an der Basis kugelförmig verdickten Dornen auf. Der Körper ist dunkel grünviolett. Die Blütenfarben sind Gelb, Rot, Weiß in allen Abstufungen. Auf eigener Wurzel wachsen die Pflanzen langsam und kommen erst nach Jahren zur Blüte. Diese Zeit läßt sich durch Pfropfung erheblich verkürzen. Ableger werden nur wenig oder gar nicht gemacht. Eine hervorragende Pflanze für Liebhaber.

45

45. Lobivia miniatiflora Ritter
Der hellgrün gefärbte Körper dieser Pflanze hat schmal zylindrische Säulenform; er verzweigt sich stark. Die Rippen sind lang, haben kleine beilförmige Höcker und tragen hell gelbbraune Dornen. Die Blüten sind hellrot, die zartgrüne Blütenröhre ist mit roten Schüppchen besetzt. Die Pflanzenbasis kann sich nach Graubraun verfärben. Aufzucht aus Samen ist einfach. Eine Art für den Liebhaber.

46. Lobivia tiegeliana Wessn.
Von dieser sehr variablen südbolivianischen Art sind sehr schöne Varietäten in Kultur. Im allgemeinen sind die Pflanzen nicht schwierig zu pflegen und bereiten in gepfropfter wie in ungepfropfter Form viel Freude. Gepfropfte Exemplare werden allerdings kräftiger und blühen früher. Die Blüten sind violett. Zum Wachsen und Blühen brauchen die Pflanzen viel Wasser. Die Überwinterung soll kühl und trocken erfolgen. Die Pflanzen können leicht aus Samen gezogen werden. Ableger lassen sich leicht abnehmen und weiterziehen.

46

47. Lobivia tiegeliana var. distefanoiana Cullm.
Der kugelförmige Körper ist von einem Dornengeflecht förmlich überzogen. Die Randdornen sind zurückgebogen und hellgelb bis hellbraun gefärbt; die Mitteldornen sind dunkler. Die Blüten sind rot, mit einem Stich ins Violette. Die, wie übrigens alle kleinbleibenden Lobivien leicht zu haltenden Pflanzen eignen sich für kleine Sammlungen oder für Aufstellung in der Fensterbank.

47

48. Lobivia backebergii Werd.
Diese Art ist nach dem Kakteenspezialisten Kurt Backeberg benannt. Sie verzweigt sich schnell und bildet bald viele rosarote Blüten mit weißem Schlund. Die Dornen sind sehr variabel. Die Erde soll gut durchlässig und mit etwas Kies versetzt sein. Die Pflanzen können auf eigener Wurzel sowie gepfropft gezogen werden.

48

49

49. Lobivia pusilla Ritter
Unter den ohnehin nicht großwüchsigen Lobivien ist diese Art eine der kleinsten. So haben 3jährige Sämlinge nur einen Durchmesser von maximal 3–4 cm, erfreuen aber dann bereits mit prachtvollen rosaroten Blüten. Die Blütenfarbe ist stark variabel. Sämlinge bilden eine verhältnismäßig dicke Hauptwurzel. Wegen der geringen Größe der Pflanzen empfiehlt es sich, jeweils 3–5 in einen Topf zu setzen. Sie benötigen viel frische Luft und Licht und viel Wasser im Sommer. Bei greller Sonne muß schattiert werden. Die Überwinterung erfolgt bei 6–8°C. Vermehrung durch Samen.

50

50. Lobivia pusilla var. flaviflora Ritter
Diese Varietät ist noch kleiner als die vorher beschriebene Stammform und wie diese eine echte Liebhaberpflanze, die sich auch für Anfänger empfiehlt. Auch hier ist es zweckmäßig, mehrere Exemplare in einen Topf zu pflanzen. Die gelben Blüten dieser Form sind viel größer als die Pflanze selbst. Gepfropft, werden die Pflanzen kräftiger.

51. Lobivia famatimensis var. haematacantha (Backbg. et Wessn.) Backbg.
Unter dieser Bezeichnung ist eine ganze Gruppe in Form und Farbe stark variierender Pflanzen zusammengefaßt, über deren systematische Stellung und Einordnung die Meinung der verschiedenen Autoren z. T. weit auseinander geht. Blütenfülle und Farbenpracht machen ihre Stellung als Liebhaberpflanzen verständlich. Eine Vielzahl hellroter Blüten erscheinen mehrmals im Sommer an den 3–4 cm starken Säulen. Nichtgepfropfte Sämlinge bilden einen großen Wurzelballen aus und müssen daher in größere Töpfe gepflanzt werden. Die Erde kann durchaus etwas schwerer sein, muß aber gut durchlässig bleiben. In der Blütezeit muß tüchtig gegossen werden, wenn das Vertrocknen der Knospen vermieden werden soll. Über den Winter kühl und trocken halten. Die Vermehrung erfolgt aus Samen.

51

52. Lobivia spec. Famatima (Ritter)
Unter den sehr vielen Samen die F. Ritter gesammelt und nach Europa geschickt hat, befand sich auch Saatgut für die hier genannte Form. Ihre endgültige Beschreibung und Bestimmung steht noch aus. Viel Gemeinsames hat sie mit *Lobivia famatimensis* var. *aurantiaca* (Backbg. et Wessn.) Backbg. Die Bedornung ist sehr kurz und dicht. Die Blüten haben eine hübsche orangegelbe Farbe. Wenn die Arten der *L.-famatimensis*-Gruppe gepfropft werden, wachsen sie lang aus und werden dann meist krumm. Daher sollten Pfropfungen in dieser Gruppe unterlassen werden. Die Pflanzen brauchen viel frische Luft und Sonne und müssen im Winter kühl und trocken gehalten werden.

52

53. Lobivia culpinensis Ritter
Die graugrünen Pflanzen haben beilförmige, kantige Rippen und können einen Durchmesser von 10–12 cm erreichen. Die ziemlich großen Blüten sind zart orangerot. Die Mitteldornen sind am äußeren Ende hakenförmig gebogen. Die Abbildung zeigt einen 3jährigen Sämling mit einem Durchmesser von 4 cm.

53

54

54. Lobivia schreiteri Cast.
Die Köpfe erreichen in der Regel höchstens 2,5–3 cm Durchmesser. Durch lebhafte Sproßung kommt es zu flächiger Gruppenbildung. Die roten Blüten haben einen beinahe schwarzen Schlund, aus dem dunkelviolette Staubblätter ragen. Der Blütenstaub ist cremefarben. Im Hinblick auf die starke Sproßung sollte man größere Töpfe vorsehen. Vermehrung aus Samen.

55

55. Rebutia vulpina Ritter FR 939
Der bekannte Kakteenspezialist F. Ritter hat jeden seiner neuen Funde mit einer Nummer gekennzeichnet. Daraus erklärt sich der sonst bei Artbezeichnungen ungewöhnliche obige Zusatz. Bei dieser sproßenden Art erscheinen ab Frühjahr mit Zwischenpausen von einigen Wochen 3–4mal schlanke feuerrote Blüten. Die Dornen sind fuchsrot, worauf sich auch der Artname *(vulpina)* bezieht. Die Pflanzen sind im Haus an einem hellen Platz leicht zu ziehen und zur Blüte zu bringen. In der Regel lassen sich Rebutien gut auf eigener Wurzel ziehen. Sie bedürfen dann aber einer stärkeren Aufmerksamkeit. Im März und im August oder September müssen sie umgetopft werden. Wenn sie auf *Eriocereus jusbertii* oder auf *Trichocereus schickendantzii* gepfropft werden, entwickeln sie sich etwas kräftiger. Besonders muß auf Spinnmilben geachtet werden, für die Rebutien besonders anfällig sind.

56

56. Rebutia krainziana Kess.
Diese Art ist eine der schönsten Rebutien. Ihre Pflanzen werden nicht groß, sprossen aber kräftig. Auf der Abbildung ist ein Exemplar mit feuerroten Blüten und schneeweißen Dornen zu sehen. Daneben kommen auch Formen mit orangeroten Blüten vor. Die Pflanzen gedeihen auf eigener Wurzel gut, brauchen dann aber gute, nährstoffreiche Erde. Nach der Blüte sollte gleich umgetopft werden. Die Überwinterung soll an einem hellen Standort bei 6–8°C erfolgen. Die Pflanzen sind gut aus Samen zu ziehen.

57. Rebutia spec. van Übelmann Nr. 924
Die Beschreibung dieser rotblühenden Art steht noch aus. Die Pflanzen lassen sich gut aus Samen ziehen. Wenn sie gepfropft werden, bleibt die Bedornung ansehnlicher. Nichtgepfropfte Pflanzen faulen leicht von der Basis her.

58. Rebutia robustispina var. minor Ritter FR 763 a
Hierbei handelt es sich um eine kleinere Varietät einer ziemlich robusten *Rebutia*-Art. Die Dornen sind braun-weiß, die Blüten hellrot. Wie nahezu alle Rebutien ist auch diese Art problemlos. Gepfropft wächst und blüht sie jahrelang. Sie verlangt gute und nährstoffreiche Erde und frische Luft. Zu überwintern ist sie bei 6–8°C. Die schönsten Pflanzen zieht man aus Sämlingen, die bereits nach 2 Jahren blühen. Da die Samen nur kurze Zeit keimfähig sind, ist es zweckmäßig, kurz nach der Abnahme des Samens auszusäen.

57

58

59

59. Rebutia grandiflora Backbg.
Diese Art ist die größtblumige unter den Rebutien. Die Blütenröhre ist sehr lang. Für eine Rebutie ist auch der Körper recht beachtlich. Er verzweigt sich stark und kann wie *Lobivia* sehr gut auf *Trichocereus schickendantzii* gepfropft werden. Dann wird die Sprossung noch umfangreicher. Jeder neue Kopf bringt wieder neue Blüten hervor.

60

60. Rebutia senilis var. kesselringiana Bewg.
Diese Varietät ist im allgemeinen etwas weniger dicht bedornt als *Rebutia senilis.* Ihre Blüten sind gelb und ziemlich groß. Da viele Rebutien sehr weich sind, werden sie leicht von Spinnmilben befallen. Laufende Kontrolle mit der Lupe ist daher notwendig und eine Bekämpfung unerläßlich.

61

61. Rebutia senilis var. iseliniana Krainz
Unter den verschiedenen Varietäten von *R. senilis* hat diese eine kürzere und weniger dichte Bedornung. Die ziemlich großen Blüten dieser auffälligen und für den Anfänger recht geeigneten Varietät sind innen hellorange, von außen eher orangerot. Die Abbildung zeigt eine 4jährige, nicht gepfropfte Pflanze. Voraussetzung für Blüte im Frühjahr ist eine kühle Überwinterung bei 6–8°C.

62. Rebutia muscula K. Schum.
Diese orange und sehr reich blühende Art hat eine dichte, weiße Bedornung. Um diese vor einer Verfärbung nach Grau oder Braun zu bewahren, dürfen die Pflanzen keinesfalls über den Scheitel gegossen werden. Es ist ferner am zweckmäßigsten, weißbedornte Rebutien zu pfropfen, damit sie mehr vom Boden wegkommen und so besser vor Fäulnis geschützt sind. Im Sommer muß tüchtig Wasser gegeben, im Winter kühl gehalten werden. Die nährstoffreiche Erde muß zusätzlich hin und wieder leicht gedüngt werden. Vermehrung aus Samen.

63. Digitorebutia pectinata (Backbg.) Buin.
Systematisch ist über diese Gattung noch nicht das letzte Wort gesprochen. Ein Teil der Autoren führt sie neuerdings unter *Rebutia,* manche stellen sie wieder in eine andere Gattung, während sie Backeberg *Mediolobivia* nennt. Die Pflanzen dieser Gruppe lassen sich vornehmlich als Zimmerpflanzen halten und sind ausgesprochene Liebhaberpflanzen. Wenn man kräftige Pflanzen wünscht, ist Pfropfung anzuraten und zwar auf dieselben Unterlagen, die bei *Rebutia* genannt werden. Die hier vorgestellte Art ist ein guter Blüher. Ihre Dornen sind seitlich gestreckt, was mit dem Artnamen »*pectinata*« angedeutet werden soll.

62

63

64

64. Digitorebutia haagei (Fric. et Schelle) Fric.
Nach Backeberg wäre diese gruppenbildende, leichtblühende Art *Mediolobivia pygmaea* zu nennen. Ihre Knospen sind beinahe schwarz. Die ziemlich lange Blütenröhre ist mit lila-braunen Schüppchen besetzt. Gepfropft wächst die Pflanze gut. Nicht selten fallen reife Samen aus und keimen im selben Topf.

65

65. Digitorebutia orurensis (Backbg.) Buin.
Diese niedrig bleibende, gut gruppenbildende Art entwickelt Säulchen von höchstens 8 cm Höhe. Sie blüht von Ende März bis weit in den Juli hinein mit schönen roten Blüten. Viel frische Luft und Licht sowie reichliche Wassergaben im Sommer werden verlangt. Gute Blüte ist nur bei kühler Überwinterung zu erwarten.

66

66. Digitorebutia spec.
Diese von Haage eingeführte Art ist bislang nicht beschrieben. Sie blüht reich im Frühjahr, die Blüten sind rot mit weißem Schlund. In der Haltung ist sie nicht schwierig.

67. Digitorebutia FR 770
In der Nummernliste von Ritter wird sie bei Nr. FR 770 unter der Bezeichnung *Rebutia tuberosa* geführt; eine Beschreibung ist nicht bekannt. Ähnlichkeit besteht mit *Digitorebutia pectinata,* Abweichungen bestehen hinsichtlich der Blüten. Die Art wächst leicht und verzweigt sich.

68. Aylostera albipilosa
(Ritter) Backbg.
Die Gattung *Aylostera* wird manchmal auch mit *Rebutia* zusammengenommen. Beide auseinanderzuhalten ist auch nicht einfach. *Aylostera*-Arten sind recht einfach in der Pflege, sie wachsen auf eigener Wurzel ebenso gut wie gepfropft. Aussaat und Stecklingsvermehrung sind problemlos. Zum Blühen kommen die Pflanzen nur nach kühler Überwinterung.

67

68

69

69. Sulcorebutia kruegeri (Card.) Ritter
Diese kleine Art, die recht schnell Gruppen bildet und unschwer zur Ausbildung ihrer gelben bis orangenfarbigen Blüten gebracht werden kann, stammt aus Bolivien. Vertreter dieser Gattung werden meist gepfropft und blühen insbesondere auf *Eriocereus jusbertii* sehr reich. Die Areolen sind im allgemeinen länglich, gestreckt und die Dornen stehen kammförmig. Zur Überwinterung dieser von Liebhabern sehr geschätzten Pflanzen sind nur 6–8°C nötig.

70. Sulcorebutia steinbachii var. gracilior Backbg.
Auf dunkelgrüner Oberhaut heben sich die langgestreckten Areolen und die kammförmig angeordneten, dunkelbraunen bis schwarzen Stacheln ab. Die Pflanzen blühen im Frühjahr sehr reichlich. Sie sprossen stark und bilden mit der Zeit große, flächige Gruppen. Gepfropft wird auf *Eriocereus jusbertii.*

70

71. Brasilicactus haselbergii
(F. A. Haage) Berg.
Die Art stammt aus Brasilien und ist schon sehr lange in Kultur. Wegen ihrer dichten, weißen Bedornung und der schon im zeitigen Frühjahr erscheinenden orangeroten Blüten, ist sie immer noch sehr gefragt. Da sie auf eigener Wurzel erst spät zum Blühen kommt, wird meist gepfropft. Typisch ist, daß sich der Kopf der Pflanze immer schräg zum Licht ausrichtet. Regelmäßiges Gießen im Sommer und gute, nährstoffreiche Erde sind notwendige Wachstumsvoraussetzungen. Die Überwinterung soll nicht wärmer als bei 6–8°C erfolgen. Da keine Ableger gemacht werden, bleibt als einziger Vermehrungsweg die Aussaat.

72. Parodien
Parodien sind über große Gebiete Südamerikas verbreitet. Die Gattung umfaßt eine Reihe wunderbarer Arten, die sich für den Liebhaber anbieten. Aussaat und Aufzucht der sehr kleinen Sämlinge sind nicht einfach. Sie belohnen aber nach einigen Jahren diese Mühen mit prächtigem Wuchs und reicher Blüte.

73. Parodia sanguiniflora
Fric. et Backbg.
Nordargentinien ist die Heimat dieser dichtbedornten Art. Die Randdornen sind glasig-durchsichtig oder weißlich, die Mitteldornen, von denen einer hakenförmig gekrümmt ist, sind rot bis braun gefärbt. Ob gepfropft oder ungepfropft, sie bringen reichlich ihre blutrote (*sanguiniflora*!) Blütenpracht hervor. Sie brauchen im Sommer viel Sonne und Wasser, dürfen aber nie über den Scheitel gegossen werden. Überwintern soll man bei 6–8°C. Mindestens einmal im Jahr sollte in gute, nährstoffreiche Erde umgetopft werden. Macht man dies z. B. schon Anfang März, dann ist es ratsam, ungepfropfte Exemplare Ende August nochmals umzutopfen.

71

72

73

74

74. Parodia saint-pieana Backbg.
Diese nordargentinische Art ist eine der kleinsten dieser Gattung. Bereits im Frühjahr öffnet sie ihre hellgelben Blüten in großer Zahl. Sie wächst gut auf eigener Wurzel. Falls gepfropft wird, sollten nicht zu kräftige Unterlagen von *Eriocereus jusbertii* verwendet werden. Manchmal bildet sie kleine Ableger an der Basis, die sich rasch bewurzeln und sich leicht abnehmen lassen. Mit einiger Sorgfalt können sie wie Sämlinge weitergezogen werden. Auch Vermehrung aus Samen ist möglich.

75

75. Parodia mutabilis Backbg.
Schon der Artname *(mutabilis)* weist auf die Vielfalt vorkommender Varietäten hin, die sich auch bei den Blüten ausdrückt. Besonders zu erwähnen sind die Varietäten *carneospina, ferruginea* und *elegans.* Sämlinge von 4–5 cm Höhe können schon blühen. Mit ihren gelben bis rostbraunen, hakenförmig gebogenen Mitteldornen sind die Pflanzen schon ohne Blüte eine Zierde. Auf *Eriocereus jusbertii* gepfropft, bleiben sie gedrungen und blühen besonders reich. Überwinterung bei 6–8°C. Wegen der Winzigkeit der Keimpflanzen ist die Aufzucht aus Samen schwierig.

76

76. Parodia-Sämlinge
Die Abbildung zeigt verschiedene 3jährige Sämlinge der *P.-mutabilis*-Gruppe von ca. 3 cm Durchmesser. Noch im Pikierkasten stehend, sind sie bereits in voller Blüte.

77. Parodia penicillata
Fescher et Van der Stegg
Die Pflanzen dieser sehr auffälligen, hellrot blühenden Art werden sehr stattlich. Sie erreichen Durchmesser bis 15 cm und behalten dabei lange ihre gedrungene Kugelform. Sie gedeihen gut auf eigener Wurzel; gepfropft wachsen sie aber etwas schneller und blühen reicher. Bleiben sie auf eigener Wurzel, dann benötigen sie nährstoffreiche aber leicht sauere Erde. Winterhaltung ist angezeigt bei 6–8°C. Vermehrung aus Samen ist einfach.

77

78. Parodia aureispina Backbg.
Die gelbstacheligen Pflanzen sind fleißige Blüher, die bereits als 3jährige Sämlinge ihre ersten goldgelben, hübschen Blüten ausbilden. Auf *Eriocereus jusbertii* gepfropfte Pflanzen treiben etwas schwerer aus. Allerdings werden Parodien in der Regel aus Samen gezogen. Da die Samen sehr fein sind, sollte der Anfänger mit ihrer Aussaat so lange warten, bis er einige Erfahrung in der Handhabung größerer Samen gesammelt hat. Ansonsten geben die Pflanzen selbst auch dem Anfänger keine Schwierigkeiten auf. Die Pflege kann wie bei *Parodia sanguiniflora* durchgeführt werden.

78

79

80

79. Parodia chrysacanthion (K. Schum.) Backbg.

Wie der Artname *(chrysacanthion)* verrät haben die Pflanzen goldgelbe Dornen, die eine dichte Hülle bilden. Bisweilen kommen auch fast weiße oder dunkelgelbe Dornen vor. Die Abbildung zeigt eine solche nahezu weiß bedornte Pflanze. Die hellgelben Blüten erscheinen schon bald. Diese Art wird meist gepfropft, und zwar auf *Eriocereus jusbertii.* Die Pflanzen lieben im Sommer viel Wasser und Sonne, im Winter dagegen einen kühlen Standort. Aussaat und Aufzucht verlangen Temperaturen von 15–20°C.

80. Parodia purpureo-aurea Ritter

Diese Art ist bemerkenswert klein. Die Höcker tragen weißfilzige Areolen, weiße Randdornen und gelbliche bis braune Mitteldornen. Im Mai/Juni erscheinen die gelben Blüten, die in purpurne, bei einigen Exemplaren in dunkelrote Spitzen auslaufen. Im Bild ist eine wurzelechte Pflanze zu sehen; gepfropfte Pflanzen fallen im allgemeinen etwas kräftiger aus.

81. Parodia maasii (H.) Berg.

Die Dornen dieser robusten Art sind gekrümmt. Sie wächst gut auf eigener Wurzel und verlangt gute, grobe, mit Kies versetzte Erde, im Sommer viel Wasser und einen sonnigen Standort mit viel frischer Luft, im Winter niedrige Temperaturen. Für eine Parodie hat sie ziemlich große Samen, aus denen sie sich leicht ziehen läßt.

82. Parodia otuyensis Ritter
Der Kopf dieser ansehnlichen, vielrippigen Art ist dicht mit wolligen, schneeweißen Areolen bedeckt, von denen die orangen Blüten mit ihren schmalen Blütenblättern auffallend abstechen. Sie macht fast nie Ableger. Zur Pfropfung wird *Eriocereus jusbertii* empfohlen.

83. Parodia suprema Ritter
Die Pflanzen dieser Art sind durch ihre weißwollige Krone und die schwarzen, hakenförmig gebogenen Mitteldornen besonders attraktiv. Die Blüten sind rot. Am besten gedeihen die Pflanzen auf eigener Wurzel. Gepfropft können sie ihren gedrungenen Wuchs verlieren. Der Autor hat aus Originalsaat von Ritter Pflanzen dieser Art gezogen und mit dem Namen *P. suprema* belegt. Es ist im Augenblick nicht auszumachen, ob sie von der bereits bekannten *P. subterranea* Ritter zu trennen ist, da eine Reihe von Übergängen und Ähnlichkeiten bestehen. Für Kakteenliebhaber ist sie auf Jahre eine erfreuliche Bereicherung in der Sammlung.

81

82

83

84

84. Parodia stuemeri (Werd.) Backbg.
Die Massierung dicker, weißwolliger Areolen, läßt die Pflanzen fast weiß erscheinen. Deutlich heben sich die braunen, beinahe schwarzen Dornen davon ab. Die Blüten sind zartrot und manchmal von einem Kupferglanz überzogen. Die Blühfähigkeit wird erst nach einigen Jahren erreicht. Sie läßt sich durch Pfropfung auf *Eriocereus jusbertii* jedoch vorverlegen. Die Art blüht den ganzen Sommer über bis tief in den Herbst hinein.

85

85. Parodia peruviana (?)
Eine brauchbare Beschreibung dieser Art, von der vor Jahren Samen mit der hier gebrauchten Bezeichnung in Umlauf waren, scheint es nicht zu geben. Es bestehen jedenfalls sehr viele Parallelen zu *Parodia purpureo-aurea.* Die Oberhaut der Pflanzen ist zartgrün. Die Dornen sind weiß bis glasig durchscheinend. Die gelben Blüten sind rötlich angehaucht. Die langsam wachsende, sehr schöne Art will im Winter kühl und trocken gehalten werden.

86

86. Parodia comosa Ritter
Die Pflanzen dieser sehr hübschen, reich gelb blühenden Art werden verhältnismäßig lang und bilden auch in Kultur Säulchen von 20–30 cm Höhe. Der Kopf ist dicht besetzt mit weißer Wolle. Die gebogenen Dornen sind orange bis braun gefärbt. Blütezeit ist das Frühjahr. Bei Pfropfung auf *Eriocereus jusbertii* läßt sich der Blühbeginn dieses Spätblühers um zwei Jahre vorverlegen. Kühle Überwinterung ist Voraussetzung für eine gute Blüte.

87. Parodia buenekeri Ritter
Eine Zeitlang wurde diese Art in der Gattung *Notocactus* geführt. Die Pflanzen sind dicht bedornt und haben große gelbe Blüten, die an der Außenseite rot gefleckt sind. Sie kommen auch ungepfropft bald zur Blüte. Sofern gepfropft wird, soll *Eriocereus jusbertii* verwendet werden. Die Pflanzen brauchen gute, nährstoffreiche und kalkfreie Erde, viel Sonne und frische Luft und einen trokken-kühlen Standort im Winter. Vermehrung aus Samen.

87

88

88. Parodia spec. Nr. 33–24
Soweit dem Autor bekannt ist, wurde diese Art nie beschrieben und läuft daher noch unter der sog. Feldnummer. Wiederholte Aussaaten bestätigten die Typenreinheit. Wachstum und Blühfähigkeit sind gut, die Pflege ist wie bei den übrigen Parodien.

89

90

89. Malacocarpus erinaceus
(Haw.) Lem. et Först.
Neben der Gattungsbezeichnung *Malacocarpus* findet man auch *Wigginsia.* Die Areolen dieses dunkelgrünen, stumpfrippigen Kugelkaktus sind mit dicken weißen Wollpfropfen gefüllt. Auch der Scheitel ist wollig weiß, jedoch ganz von braunen Blütenresten bedeckt. Aus dem Scheitel treiben die gelben Blüten mit ihren roten Narben. Pfropfung ist nicht erforderlich. Mit etwas Kies versetzte, nährstoffreiche Erde, die im August etwas gedüngt werden muß, und regelmäßige Wassergaben im Sommer, sowie trockene und kühle Überwinterung garantieren Pflanzen, die dem Liebhaber auch als Zimmerpflanzen Freude bereiten.

90. Malacocarpus loprosorum
Deutlicher als bei der eben beschriebenen Art ist hier der weißwollige Scheitel erkennbar. Die Blüten sind gelb. Die reifen Früchte sind zartfleischig und rosa gefärbt. Die relativ großen Samen keimen gut und ergeben tüchtig wachsende Sämlinge.

91. Notocactus rauschii van Vliet
Eigentlich eignen sich alle Arten dieser Gattung für den Anfänger. Die Pflanzen haben viele Areolen und zarte Dornen. Die Blütenblätter sind blaßgelb, schmal und vielzählig. Als Pfropfunterlage benützt man *Eriocereus jusbertii.* Ungepfropfte Pflanzen verlangen im Winter ab und zu kleine Wassergaben, die zweckmäßigerweise in den Topfuntersetzer gegeben werden. Die so angebotene Feuchtigkeit reicht zur Versorgung der unteren Wurzelhaare aus, was mit der gleichen Wassermenge durch Gießen von oben nicht zu erreichen wäre. Wenn die Wurzelhaare vertrocknen, kommt das Wachstum der *Notocactus*-Arten im Frühjahr schlecht in Gang.

92. Notocactus concinnus (Monv.) Berg.
Sprossung kommt bei dieser Art nur wenig vor. Der Scheitel der Pflanze ist nahezu kahl und oft mit großen gelben Blüten bedeckt. Die Narben sind rot, die Staubblätter breiten sich innerhalb der ganzen Blütenröhre aus. Die Pflanzen, die leicht zum Blühen zu bringen sind, eignen sich als Zimmerpflanzen und für den Anfänger.

93. Notocactus uebelmannianus Buin.
Dieser prächtige Kaktus wurde in Brasilien gefunden. Er wächst auf eigener Wurzel außerordentlich gut und läßt sich auch aus Samen leicht ziehen. Im dritten oder vierten Jahr beginnt er zu blühen. Die von Dunkel- bis Hellrot variierenden Blüten sind groß und glänzend. Die Pflanzen vertragen im Sommer volles Sonnenlicht und brauchen viel Wasser. Sie wollen nährstoffreiche sandige Erde. In der Ruhezeit während des Winters dürfen sie bei 8–10°C nicht ganz trocken stehen, da sonst eine Schädigung der Wurzelhaare zu befürchten ist.

91

92

93

94

95

96

94. Notocactus scopa var. glauserianus
Krainz
Diese Varietät ist wesentlich brauner als die unter 97 aufgeführte var. *daenikerianus*. Das Bild zeigt in der Mitte die Scheitelregion und außerdem Vorjahrssprosse, die dann ebenfalls Blütenknospen entwickelt haben. Ihre Blüten waren wesentlich kleiner als die der normalen Knospen.

95. Notocactus tabularis
(Cels. et K. Schum.) Berg.
Heimat dieser Art ist Uruguay. Die Pflanzen haben abgeflachte Kugelform. In den gelben Blüten leuchten rote Narben. Wuchsfreudigkeit und Blühwilligkeit sind wie bei *Notocactus concinnus*. Noch reicher blühen sie bei Pfropfung auf *Eriocereus jusbertii*. Kühle Winterhaltung ist angezeigt. Sie eignen sich für den Anfänger und lassen sich auch im Haus leicht halten.

96. Notocactus mammulosus
(Lem.) Berg.
Diese Art ist außerordentlich variabel. Man müßte überlegen, ob man hier nicht eher von einer Gruppe von Varietäten sprechen sollte, da die Spannweite zwischen den Einzelformen so groß ist, daß kaum noch Ähnlichkeiten auszumachen sind. Auf dem Bild fallen die kugelförmigen Knospen auf. Auch die Blüten wirken gedrungen.

97. Notocactus scopa
var. daenikerianus Krainz
Obgleich die prachtvollen Pflanzen dieser Art problemlos zu halten sind, sehen wir sie leider sehr selten in Sammlungen. Sie verlangen im Sommer volle Sonne und frische Luft und in Abständen reichlich Wasser, das ihnen auch im Winter über den Topfuntersatz maßvoll zugeführt werden soll. Gepfropft sind sie wuchsfreudiger.

97

98

98. Notocactus buiningii Buxb.
Diese Art wurde erst 1971 beschrieben. Die Pflanzen sind graugrün, haben viele kantige Rippen und starke, scharfe Dornen. Die Knospen sind mit braunen Wollhaaren bedeckt. Die Blüten sind groß und gelb. Ein Wachstumsunterschied zwischen gepfropften und nicht gepfropften Pflanzen besteht nicht. In Abständen muß im Sommer reichlich gegossen werden. Überwinterung kühl. Die Pflege kann auch der Anfänger beherrschen.

99

100

99. Notocactus rutilans Dän. et Krainz
Diese uruguayische Art eignet sich auch für den Anfänger. Am besten fährt man mit Sämlingen, die im zweiten oder dritten Standjahr bereits zur Blüte kommen. Die rosafarbenen Blüten gehen innen in einen gelben Schlundbereich über, worauf der Artname hinweist. Die nicht selten gepfropften Pflanzen geraten etwas kräftiger.

100. Notocactus horstii Buin.
Diese Art war in dem umfangreichen Material enthalten, das Buining von seinen zahlreichen Südamerikareisen mitgebracht hat. Mit der Artbezeichnung *horstii* wird sein mehrfacher Reisebegleiter Horst geehrt. Die Anzucht der verhältnismäßig schnell wachsenden Pflanzen aus Samen bereitet keine Schwierigkeiten. Die Pflanzen quellen im Sommer mit hellorangen Blüten förmlich über.

101. Frailea colombiana (Werd.) Backbg.
Die Arten dieser Gattung bleiben durchweg verhältnismäßig klein. Bei mehreren Arten herrscht Kleistogamie vor, d. h. sie bringen reife Samen hervor, obwohl sich ihre Blüten überhaupt nicht öffnen. Die Samen sind groß und keimen gut. In der Gattung findet man mehrere besonders für den Anfänger gut geeignete Arten. Die abgebildete Pflanze hat einen Durchmesser von ca. 3 cm. Sie blüht während des ganzen Sommers.

102. Oroya neoperuviana Backbg.
Dieser südamerikanische Kugelkaktus darf als eine der besonders schönen Formen gelten. Auf glänzender, tiefgrüner Oberhaut finden wir die langgestreckten Areolen, über denen die braunen, kammförmig angeordneten Dornen sitzen. Die Außenseite der Blüten ist rosarot, innen sind sie hellgelb. Auf kräftiger *Eriocereus-jusbertii*-Unterlage können sich Pflanzen dieser Art zu reichblühenden, wahren Prunkstücken entwickeln. Auf eigener Wurzel ist das Wachstum verlangsamt. Besonders ist auf Befall mit Spinnmilben zu achten! Die richtigen Überwinterungstemperaturen liegen bei 6–8°C.

103. Gymnocalycium andreae (Böd.) Backbg.
Die Heimat dieser kleinen, dunkel blaugrauen Art ist Argentinien. Sie hat große hellgelbe Blüten. Wächst die Pflanze auf eigener Wurzel, braucht sie nährstoffreiche, mit etwas Kies versetzte Erde. Im Sommer muß sie gegen starken Sonneneinfall geschützt und reichlich mit Wasser versorgt werden. Ableger sind bequem abzunehmen und zu bewurzeln. Anzucht aus Samen kann empfohlen werden.

101

102

103

104

105

106

104. Gymnocalycium baldianum (Speg.) Speg. Die Art bringt niedliche, kleine Pflanzen hervor, die durch eine Vielzahl kleiner, roter Blüten, die während des ganzen Sommers immer wieder erscheinen, recht ansehnlich sind. Die dunkelgrünen Pflanzen haben weiße bis braune Dornen. Auf eigener Wurzel wachsen und blühen sie üppig. Nährstoffreiche Erde und Schattierung im Sommer sind erforderlich, im Winter Trockenhaltung bei etwa 8°C. Zum Pfropfen dürfen schnellwachsende und kräftige Unterlagen nicht eingesetzt werden, da die Pflanzen zu groß werden und meist seitlich aufplatzen. Die Art stammt aus Argentinien.

105. Gymnocalycium bruchii (Sp.) Hoss. Auch diese Art stammt aus Argentinien. Die kleinen Pflanzen sprossen stark und wachsen zu flächigen Gruppen aus. Die kleinen weißen Dornen schmiegen sich eng dem Körper an, Mitteldornen fehlen meist. Blütezeit ist der April (3–4 Tage). Die zartrosa Blüten sind ca. 3,5 cm groß und bedecken oft die ganze Pflanze. Gepfropfte Pflanzen werden meist zu groß und zu kräftig. Auf eigener Wurzel gedeiht die Art gut und ist auch für den Anfänger leicht zu handhaben. Im Frühjahr und im Sommer verträgt sie viel Feuchtigkeit, vor praller Sonne will sie geschützt werden. Wegen der starken Gruppenbildung muß von Anfang an ein größerer Topf mit sandiger, nährstoffreicher Erde vorgesehen werden. Vermehrung aus Samen. Bereits 2 Jahre nach dem Pikieren kann mit der Blüte gerechnet werden.

106. Gymnocalycium cardenasianum Ritter Diese Art besticht durch die Schönheit ihrer Dornen, die mit 3–6 cm Länge, ihrer gebogenen Form und orangeroter Färbung eine außerordentliche Zierde sind. Die Pflanzenfarbe ist graugrün, die großen Blüten sind rötlich bis weiß. Auf *Eriocereus jusbertii* gepfropfte Exemplare sind wuchs- und blühfreudiger.

107. Gymnocalycium horridispinum Frank

Bei dieser argentinischen Art erreichen die von Weiß bis Zartrosa variierenden Blüten einen Durchmesser bis zu 6 cm. Die Blühdauer der Einzelblüte beträgt 4–6 Tage. Auch junge Exemplare können schon früh 1–2 Blüten tragen, die die Pflanze dann förmlich überdecken. Auf dunkelgrün glänzender Oberhaut stehen graue, in braune Spitzen auslaufende, kräftige Dornen in großer Zahl. Die Pflanzen lieben nährstoffreiche, kalkfreie Erde und einen nicht zu sonnigen Standort an frischer Luft. Sie sollen nur mäßig gegossen werden und im Winter trocken und bei 6–7°C stehen.

107

108

108. Gymnocalycium mihanovichii (Fr. et Gürke) Br. et R.

Die Vertreter dieser Gruppe sind alle wuchs- und blühfreudig. Es sind meist kleine Pflänzchen, von denen man gerne 3–5 oder mehr in eine breite, flache Schale zusammensetzen kann. Sie wachsen dann sogar besser als in Einzeltöpfen. Auf eigener Wurzel wachsen sie gut, müssen aber dann 2mal im Jahr, am besten im März und August, umgetopft werden. Die Blütenfarben innerhalb der Gruppe variieren von Weiß, Rosa, Gelb, Grün bis Braun. Die abgebildete *G. mih.* var. *friedrichii* Werd. ist ein prächtiges, bronzefarbenes Pflänzchen mit helleren Querrippen und zartrosa Blüten. Die ganze Pflanze mißt nur 4 cm im Durchmesser.

109

109. Gymnocalycium mihanovichii f. albiflora Paz.
Jede Einzelpflanze bringt mehrere kleine weiße Blüten hervor. Die Bestäubung sollte am besten in den Sommermonaten durchgeführt werden, da Herbstblüten erfahrungsgemäß nur wenige Samen ansetzen.

110

110. Gymnocalycium quehlianum (Hge) Berg.
Die formenreiche, argentinische Art blüht bereits im zweiten oder dritten Standjahr. Ihre weißen Blüten sind im Inneren der Blütenröhre wein- bis dunkelrot. Die dunkelgrüne Oberhaut kann einen schwachen rotvioletten Schimmer haben. Die kleinen Dornen sind an der Basis schwarz bis braun und an der Spitze oft weiß. Wie die meisten dieser Gattung, wächst auch diese Art auf eigener Wurzel wesentlich besser als gepfropft. Kalkfreie, sandige, nährstoffreiche Erde, im Sommer viel Wasser und Wärme, aber keine pralle Sonne sind Voraussetzungen für das gute Gedeihen der Pflanzen. Im Winter können sie trocken gehalten werden. Vermehrung aus Samen.

111. Gymnocalycium quehlianum var. albispinum Bozs.
Wie der botanische Name sagt, handelt es sich um eine weißbedornte Varietät. Ihre Behandlung ist wie bei *G. quehlianum.*

111

112. Gymnocalycium vatteri Buin.
Die Pflanzen wachsen in Argentinien in Höhen von 800–1000 m. Die Ausbildung ihrer weißen Blüten erfolgt schon früh. Auf den Areolen junger Pflanzen findet man in der Regel 3 Dornen, bei älteren Exemplaren ist meist nur noch 1 nach unten gebogener Dorn vorhanden. Am günstigsten ist Weiterzucht auf eigener Wurzel in guter, nährstoffreicher, mit scharfem Sand versetzten Erde. Im Sommer sollen die Pflanzen hell, aber nicht zu heiß stehen und in Abständen tüchtig gegossen werden. Im Winter bei 6–8°C trocken halten.

112

113

113. Gymnocalycium megalothelos (Sencke) Br. et R.
Die 15–17 cm Durchmesser erreichenden Pflanzen stammen aus Paraguay. Sie sind meist hellgrün, bisweilen auch dunkler. Die Rippen sind in dicke, runde Höcker gegliedert, auf denen die Areolen sitzen. Die Randdornen drücken sich eng an die Höcker. Meist ist ein aufrechtstehender Mitteldorn vorhanden. Die Blüten sind ziemlich groß und rosa. Die Pflanzen wachsen langsam. Pfropfung auf *Eriocereus jusbertii* oder *Trichocereus spachianus* kann das Wachstum beschleunigen.

114

115

114. Gymnocalycium spec.
(Sammlung Rausch)
Soweit dem Autor bekannt ist, gibt es hierfür noch keine Beschreibung. Möglicherweise gehören diese Pflanzen, die vor Jahren aus Saatgut von Herrn Rausch, Wien, gezogen wurden, in die Gruppe des *Gymnocalycium mazanense.* Knospen und Blüten sehen hübsch aus. Die Blüte währt einige Tage. Pfropfung ist nicht nötig. Pflege wie bei *G. horridispinum.*

115. Gymnocalycium tilcarense
Backbg.
Dieser mattgrüne Kugelkaktus kann bis zu einem Durchmesser von 40 cm heranwachsen. Die Höcker sind dick und rund. Die gut gewachsenen und blühfreudigen Pflanzen können schon bei einem Durchmesser von 8–10 cm zu blühen beginnen. Die glockenförmigen Blüten sind weiß bis hellrosa. Eine schöne Pflanze für den Kakteenfreund.

116. Gymnocalycium leeanum var. netlerianum (Monv.) Backbg.
Schon die jungen Pflanzen dieser Varietät zeigen früh ihre hübschen gelben Blüten. Die Höcker sind ziemlich klein und flach. Die Dornen liegen dem Körper flach an und umgeben ihn wie ein Flechtwerk. Die Pflanzen lieben grobe, durchlässige Erde und müssen im Sommer schattiert werden. Kühl und trocken überwintern. Vermehrung aus Samen.

116

117. Gymnocalycium-multiflorum-Hybride
Diese Hybride ist noch reichblühender als *G. multiflorum* selbst. Sie blüht von Mitte April bis Ende September und erreicht eine Größe von rund 22 cm.

117

118. Gymnocalycium mazanense Backbg.
Die Abbildung zeigt einen Längsschnitt durch eine Blüte. Im untersten Teil ist deutlich der Fruchtknoten mit den Samenanlagen zu erkennen. Unmittelbar über dem Fruchtknoten beginnt die glockenförmige Blütenkrone. In ihrem Inneren sieht man den Stempel und die in mehreren Reihen angeordneten Staubblätter.

118

119

119. Gymnocalycium mihanovichii (Fr. et Gürke) Br. et R.
Der Längsschnitt einer Blüte dieser Art zeigt einen noch längeren und schlankeren Fruchtknoten. Hier kann möglicherweise noch von einer Blütenröhre gesprochen werden, obgleich diese sehr kurz ist. Sie umschließt den Teil von der Basis des Blütenbodens bis zu der Aufwölbung in der die Staubblätter reihenweise eingelagert sind. Deutlich auch der Übergang der Staubblätter zu den inneren Blütenblättern.

120

120. Gymnocalycium platense (Speg.) Br. et R.
Der Längsschnitt dieser Blüte zeigt einen langen Fruchtknoten. Von einer Blütenröhre kann hier nicht mehr gesprochen werden.

121

121. Gymnocalycium pflanzii (Vpl.) Werd.
Obgleich die breitkugeligen Pflanzen einen Durchmesser von 50 cm erreichen können, beginnen sie mit der Blütenbildung unter Umständen schon bei einer Stärke von ca. 8 cm und einem Alter von 4–5 Jahren. Die äußersten Blumenblätter der glockenförmigen, weiß und rosa gefärbten Blüten sind grün gestreift. Die kräftigen Pflanzen wachsen gut auf eigener Wurzel und eignen sich auch als Zimmerpflanzen.

122. Weingartia neocumingii Backbg.
Die Rippen dieser aus Bolivien stammenden Art sind in Warzen oder Höcker aufgelöst. Die Dornen stehen ab und sind ziemlich variabel. In Vollblüte können die schönen gelben Blüten die ganze Pflanze verdecken. Pflanzen dieser Art sind leicht aus Samen zu ziehen und wachsen recht schnell. Sie werden zwar manchmal gepfropft, dies erscheint jedoch überflüssig. In der Sammlung des Autors sind die ungepfropften Exemplare sicherlich hübscher und blühen bestimmt nicht weniger als die gepfropften.

122

123. Neochilenia paucicostata var. viridis (Ritter) Backbg.
In dieser Art fallen die starken Farbvariationen der Pflanzen auf, die von Hellgrün bis tief Dunkelbraun-Violett reichen. *N. paucicostata* ist sehr hell graugrün bis weiß bereift. Der Autor hat im Jahre 1958 aus den Ritterschen Importsaaten FR 521 a sehr viele Sämlinge gezogen und dabei die oben angeführte Farbskala feststellen können. Er vermag sich daher nicht der Ansicht einiger Autoren anzuschließen, daß die dunkleren Formen in einer Subspezies *atropurpurea* zusammenzufassen wären. Die Blütenfarbe reicht von Hellrosa bis Cremefarben. Auch für Anfänger eine geeignete Gruppe.

123

124

124. Neochilenia lembckei Backbg.
Ein Zwergkaktus, der auch für Anfänger geeignet ist. Wegen ihrer knollenförmigen Wurzel müssen nicht gepfropfte Pflanzen einen geräumigen Topf haben. Auf *Pereskiopsis* gepfropft, blühen sie reich. Möchte man kräftigere Pflanzen haben, empfiehlt sich Pfropfung auf *Eriocereus jusbertii.* Allerdings neigen sie dann dazu, stark in die Länge zu wachsen, was weniger schön ist. Auf eigener Wurzel oder auf *Pereskiopsis* gepfropft ist dies nicht der Fall. Vermehrung aus Samen.

125

125. Neochilenia glabrescens Ritter
Diese bei Kakteenfreunden beliebte Art ist nahe verwandt mit *N. mitis* (Phil.) Backbg. Die Pflanzen sprossen stark; sie haben fast keine oder nur ganz wenige, kleine Dornen. Sie blühen mit großer Regelmäßigkeit. Für Verhalten und Behandlung der Pflanzen gilt gleichermaßen das bei *N. lembckei* Gesagte.

126. Horridocactus minor (?)
Unter dieser Bezeichnung kommt in die Sammlungen eine südamerikanische Art mit dunkel braun-violetter Oberhaut, von der sich die scharfen, weiß-gelblichen Dornen deutlich abheben. Schon bald werden hellgelbe, große Blüten gebildet. Anzucht aus Samen und Pflege der Pflanzen bereiten keinerlei Schwierigkeiten. Pfropfen ist überflüssig. Im Sommer sind viel Licht, Wärme und Wasser nötig, im Winter muß sie kühl und trocken stehen.

126

127. Neoporteria gerocephala Y. Ito
In der Gattung *Neoporteria* ist dies eine der schönsten Arten. Die Pflanzen wachsen langsam; Pfropfung beschleunigt die Blühfähigkeit. Nie über den Scheitel gießen, vor allem nicht bei niederen Temperaturen! Das Wasser bleibt dann zu lange zwischen dem Dornenfilz hängen und es besteht Fäulnisgefahr. Trocken und kühl überwintern.

127

128. Neoporteria wagenknechtii Ritter
Die bräunlich-grünen Pflanzen haben eine dünne, schwarze Bedornung. Bereits früh im Jahr erscheinen die außen rosa, innen fast weißen Blüten. Gepfropft wächst diese Art tüchtig. Sie verlangt im Sommer viel frische Luft, Sonne und Wasser und im Winter Trockenheit.

128

129

129. Islaya maritima Ritter
Islaya-Arten sind bei Kakteenfreunden beliebt. Sie haben ein dichtes Dornenkleid und Blüten mit schmalen, gelben Blütenblättern. *I. maritima* wird im allgemeinen gepfropft. Sie braucht im Sommer viel Licht und reichlich Wasser. Vermehrung am besten aus Samen.

130

130. Islaya minor Backbg.
Die Pflanzen sprossen nicht. Aus dem weißwolligen Scheitel erscheinen die gelben Blüten mit ihren schmalen Blumenblättern. Die Dornen sind gelblich. Auf eigener Wurzel wächst die Art langsam, daher empfiehlt sich Pfropfung. Gut aus Samen vermehrbar.

131. Copiapoa krainziana Ritter
Besonders als Sämling ist sie eine der schönsten Arten dieser Gattung. Die dunkel graugrüne Pflanze ist mit zahlreichen, gebogenen, schneeweißen Dornen bedeckt, die später etwas dunkeln, wenn die Pflanze sproßt. Der in der Abbildung gezeigte Sämling ist auf *Trichocereus spachianus* gepfropft, der sich für diese Gattung als Unterlage am besten eignen dürfte. Die Pflanzen wollen eine recht nährstoffreiche Erde und im Sommer ordentliche Wassergaben, die aber nicht über den Scheitel verabreicht werden dürfen. Im Winter trocken halten.

131

132. Echinocereus octacanthus
(Mühlpf.) Br. et R.
In Sammlungen begegnet man dieser dankbaren Art selten. Die Pflanzen sprossen schon sehr bald und bringen schon nach 4–5 Jahren prächtige Blüten hervor, die durchschnittlich 4–5 Tage offen bleiben. Die Blühzeit fällt in den Sommer. Ältere Pflanzen können sehr reich blühen und mit Blüten geradezu bedeckt sein. Im Winter müssen die Pflanzen aber kühl, bei 6–8 °C stehen; gegossen wird erst wieder ab Mitte März. Im Sommer kann man dagegen die einen warmen Platz bevorzugenden Pflanzen voll wässern. Die Erde soll daher mit Kies und Sand grob und gut durchlässig gemacht werden. Im Anschluß an die Blüte muß gedüngt werden. Pfropfen ist ganz und gar überflüssig. Anzucht aus Samen ist im Grunde einfach, aber leider ist Saatmaterial nur selten zu bekommen.

132

133. Echinocereus pectinatus
(Scheidw.) Eng.
Die Pflanzen sind durch die dicht aneinander geschlossenen, den Körper umhüllenden Dornen sehr schön. Diese verändern sich zum Scheitel hin von Weiß bis Rot. Die Blüte setzt erst nach 4–5 Jahren ein. Die prachtvollen, großen hellrosa Blüten erscheinen meist in Drei- oder Vierzahl zugleich.

133

134

134. Echinocereus pectinatus var. castaneus (Eng.) Maths.
Die dunkelbraun bedornte Art zeichnet sich durch verhältnismäßig langlebige Blüten aus. Sie wächst auf eigener Wurzel langsam. Gepfropfte Pflanzen werden leicht zu lang und fallen um. Im Winter kühl, im Sommer gut feucht halten. Wie die meisten *Echinocereus*-Arten ist auch diese stark anfällig für Rote Spinne. Laufende Kontrollen mit der Lupe und ggf. rechtzeitige Gegenmaßnahmen sind unumgänglich.

135

135. Echinocereus pectinatus var. rigidissimus (Eng.) R.
Diese Varietät ist mit Abstand eine der schönsten in Sammlungen. Die vielen flachen und schmalen Rippen sind mit kleinen, bräunlichen Areolen und kammförmig angeordneten Dornen dicht besetzt. Diese verfärben sich während des Wachstums, wodurch an jeder Pflanze verschiedenfarbige Zonen entstehen. Daher rührt auch die Bezeichnung »Regenbogenkaktus«. Die rosa Blüten sind stattlich. Um die Pflanzen früher blühfähig zu machen, werden sie meist gepfropft. Auf eigener Wurzel verlangen sie normale, nährstoffreiche, mit Kies und Sand versetzte Erde. Im Sommer mögen sie viel Wasser und im Winter einen kühlen Standort bei 6–8 °C. Im Frühjahr darf nicht zu früh gegossen werden, wenn man die Blüte nicht verzögern will. Vermehrung aus Samen.

136

136. Echinocereus pentalophus var. procumbens (Eng.) Krainz
Dieser kleine, kriechende Kaktus bildet nur dünne Stämmchen aus. Seine Blüten erreichen einen Durchmesser von 8–9 cm und bleiben 4–7 Tage geöffnet. Ein guter Blühansatz ist aber nur zu erreichen, wenn die Pflanzen kühl und trocken überwintert werden. Im Frühjahr und Sommer brauchen sie viel Wasser. Die Erde muß sehr nährstoffreich und gut durchlässig sein. Auch als Zimmerpflanze lohnend zu halten.

137. Echinocereus subinermus S. D.
Die Pflanzen sind klein und haben nur eine spärliche Bedornung. Die gelben Blüten sind durch die orangegelben Staubbeutel und die kräftig grünen Narben recht interessant. Die Pflege entspricht der von *E. pentalophus* var. *procumbens*. Gepfropfte Pflanzen wachsen leichter.

137

138. Echinocereus viridiflorus var. davisii (A. D. H.) Marsh.
Mit maximal 4 cm Höhe und 4 cm Durchmesser kann dieser hübsche Kaktus getrost als ein Zwerg in der Gattung *Echinocereus* bezeichnet werden. Seine Bedornung ist bunt, braun-weiß. Bereits im zeitigen Frühjahr können die schönen gelbgrünen Blüten die ganze Pflanze überdecken. Ausgesprochen leicht blühen die Pflanzen, wenn sie auf *Pereskiopsis*-Unterlagen gepfropft sind. Da diese Unterlage kälteempfindlich ist und auch im Winter gelegentlich Wasser benötigt, ist es erforderlich, die Pflanzen entsprechend zu versorgen und sie bei nicht weniger als 10 °C zu überwintern.

138

139. Echinocereus spec.
Die abgebildete rotblühende Pflanze stand bereits in den zwanziger Jahren bei einem Kakteenfreund in Blüte und wurde vor zwei Jahrzehnten der Sammlung des Autors geschenkt. Bislang steht ihre genauere Bestimmung noch aus. Die Pflanze sproßt gar nicht oder nur wenig und konnte bis jetzt offenbar auch nicht durch Samen vermehrt werden. Es ist nunmehr gelungen, durch Selbstbestäubung aus 2 Beeren ca. 400 Samen zu gewinnen. Der Autor beabsichtigt, Sammlern Material zur Verfügung zu stellen.

140. Eriocereus jusbertii (Reb.) Ricc.
Als Pfropfunterlage ist diese Art überall bekannt. Auch in diesem Buch wurde sie wiederholt erwähnt. Die Pflanzen sind schnellwüchsig, wenn sie hinreichend Wärme und auch im Winter Wasser bekommen. Die Blüten sind groß und weiß. Nach Bestäubung mit Pollen von *Echinopsis* entwickeln sich große, schöngefärbte und herrlich duftende Früchte. 1000 Samen in einer Frucht sind keine Seltenheit. Diese Art darf in keiner Sammlung fehlen!

139

140

141

141. Marshallocereus thurberi (Eng.) Backbg.
Dieser dunkelgrüne Säulenkaktus mit seinen dunkelbraunen Dornen ist in Sammlungen bestenfalls als 1- oder 2jähriger Sämling, aber nicht als ausgewachsene Pflanze zu finden. Die Sämlinge sind verhältnismäßig schwach und fallen oft in großer Zahl im Winter aus. Man muß ihnen höhere Temperaturen von etwa 10–14 °C angedeihen lassen und kann damit rechnen, daß sie dann nach 2–3 Jahren antreiben und sich schließlich zu schönen, kräftigen Pflanzen entwickeln.

142. Pilosocereus palmeri (Rose) Byl. et Rowly
Man findet diese altbekannte Art in vielen Sammlungen und oft noch unter der alten Bezeichnung *Cephalocereus palmeri* Rose. Bei einer Größe von ca. 1 m werden die Pflanzen blühfähig. Dann bildet sich am Scheitel eine dichte Ansammlung von Wolle, aus der bald dicke Knospen hervorsprießen. Die geöffneten Blüten sind rosa- bis purpurfarben. Nach erfolgreicher Bestäubung werden große Früchte gebildet. Wenn sie ganz ausgereift sind, platzen sie auf und das rote Fruchtfleisch und die vielen Samen treten nach außen.

143. Neobuxbaumia polylopha (D. C.) Backbg.
In der Natur werden Pflanzen dieser Art ca. 10–13 Meter hoch. Seitentriebe werden selten oder nie ausgebildet. In Sammlungen findet man diese Art manchmal als jungen Sämling. Gutwachsende Pflanzen können bei einer Höhe von 80–90 cm anfangen, Blüten zu bilden, deren Knospen herrlich dunkelrot und mit grünen Schuppen besetzt sind. An den Schuppen befinden sich Drüsen, die ein klebriges Sekret abscheiden. Die geöffnete Blüte ist innen rosa bis weiß. Die Pflanzen brauchen nährstoffreiche Erde und müssen hin und wieder gedüngt werden. Sie vertragen viel Wärme, müssen aber im Winter kühl und trocken stehen. Vermehrung aus Samen. Sämlinge eignen sich gut für Anfängersammlungen.

142

143

144. Pilosocereus multicostatus Ritter (FR 957)
Diese schöne brasilianische Art verfärbt sich im Laufe der Zeit prächtig blau. Auf den zahlreichen Rippen stehen die Areolen dicht zusammen. Bei Überwinterung dürfen 10–14 °C Raumtemperatur nicht unterschritten werden.

145. Pilosocereus densiareolatus Ritter
Die Pflanzen sind zunächst blaugrau und haben wenig Wollhaare in den Areolen. Später verfärben sie sich prächtig blau, gleichzeitig nimmt die Menge der Wollhaare immer mehr zu.

146. Micranthocereus polyanthus (Werd.) Backbg.
Obwohl diese Art schon über 40 Jahre bekannt ist, findet man sie nur wenig in Sammlungen. Dies ist einigermaßen verwunderlich, da die Pflanzen mit ihrer dichten Bedornung und den vielen wolligen Borsten doch recht schmuck und ansehnlich sind und auch schon früh zu blühen beginnen. Bereits an 60–70 cm hohen Pflanzen kommen im zeitigen Frühjahr mehrere röhrenförmige, außen rosa-, innen cremefarbige bis weiße Blüten hervor. Ältere Pflanzen sprossen an der Basis. Nährstoffreiche, mit Kies durchsetzte Erde und viel Wasser im Sommer sind notwendig.

144

145

146

147. Micranthocereus densiflora N. N.
Diese sich verzweigende Art ist noch nicht sehr lange bekannt. Die Pflanzen sind dicht bedornt, ihre Blüten sind hellorange. Die Erde muß nährstoffreich sein, im Sommer soll in Abständen tüchtig gegossen werden.

148. Espostoa nana Ritter
Diese Gattung umfaßt eine Anzahl prächtiger, weißbehaarter Arten, die auch ziemlich groß werden und sich dann verzweigen. Sämlinge können aber viele Jahre eine Zierde für eine Sammlung sein. Zur Pfropfung eignet sich am besten *Trichocereus spachianus*.

149. Melocactus bahiensis (Br. et R.) Werd.
Melocactus-Arten fallen besonders durch den wolligen Borstenkranz in der mitte des Scheitels, das sog. Cephalium, auf, aus dem die Blüten hervortreiben. *Melocactus*-Arten sind aus Samen leidlich gut zu ziehen. Hierfür kommen insbesondere die südamerikanischen Arten in Betracht. Viel mehr Schwierigkeiten machen die aus Curaçao und seinen Nachbargebieten stammenden Arten. Aber gerade diese werden als ausgewachsene Pflanzen importiert und im Handel angeboten. Vor dem Erwerb dieser Pflanzen muß dringend gewarnt werden, da sie, ihrer wichtigsten Wurzelteile beraubt, längstens nach 2 Jahren mit Sicherheit eingehen. Der einzig sichere Weg, *Melocactus*-Arten mit Erfolg zu ziehen, ist der über Samen. Die Sämlinge können dann auf kräftige Unterlagen, wie z. B. *Trichocereus spachianus* oder *Eriocereus jusbertii* gepfropft werden.

148

147

149

150. Astrophytum senile var. aureum (Möll.) Backbg. Die langen, hellgelben, gebogenen Dornen verleihen den von Kakteenfreunden begehrten Pflanzen ihr besonderes Äußeres. Gepfropfte Pflanzen lassen bereits nach einigen Jahren die prächtige Blüten erwarten, deren Blütenröhre unterhalb der großen, gelben Blütenkrone innen und außen hellrot ist. Das Wachstum wurzelechter Pflanzen ist langsam. Allen *Astrophytum*-Arten gemeinsam ist die Vorliebe für viel Licht und Wärme. Sie wollen regelmäßig gegossen werden und im Winter bei Temperaturen von 6–8 °C stehen.

151. Astrophyten
Die Abbildung zeigt eine Gruppe junger Astrophyten. Im Vordergrund ist *Astrophytum asterias*, dahinter *A. myriostigma* var. *nudum*. Rechts davon sieht man *A. capricorne*. In der dritten Reihe sind zwei *A. capricorne*-Pflanzen, von denen die eine einer grünen, die andere einer weiß gepunkteten Form angehört. Dahinter stehen vier Exemplare von *A. myriostigma* var. *quadricostata* und einige Pflanzen von *Parodia nivosa*.

152. Astrophytum myriostigma Lem.
Diese auch unter dem Namen »Bischofsmütze« bekannte, stark variierende Art kann groß werden. Sie ist dornenlos. Der ganze Pflanzenkörper ist mit weißen Wollflöckchen bedeckt, worauf auch ihr Artname (*myrios* = viel, *stigma* = Punkt) Bezug nimmt. Bei der in der Abbildung dargestellten Pflanze folgen die Areolen innerhalb der Reihe so dicht aufeinander, daß die Rippen wie mit einem zusammenhängenden Wollrand überzogen erscheinen. Die Blüten sind gelb. Sie sind mit dünnen, zarten Wollflocken gespinstartig umwikkelt, was besonders deutlich beim Aufgehen der Blüte zu erkennen ist. Die Art kann gut wurzelecht gezogen werden. In den Pflegeansprüchen entspricht sie *A. senile var. aureum.*

150

151

152

153. Hamatocactus setispinus (Eng.) Br. et R.
Die dunkelgrünen, sehr beliebten Pflanzen, die »Anfangskapital« mancher Sammlungen und auch in den Sortimentskästen der Blumenhändler vertreten sind, zeichnen sich durch ihre langen Dornen und gehakten Mitteldornen aus. Die großen, gelben Blüten erscheinen in ständiger Abfolge während der sommerlangen Blütezeit. Die zunächst grünen Früchte werden später hellrot. Die Pflanzen müssen unmittelbar nach der Blüte umgetopft werden. Ansonsten ist ihre Pflege ganz unproblematisch. Im Sommer brauchen sie viel Wasser. Vermehrung aus Samen.

154. Astrophytum myriostigma var. nudum (R. Mey.) Backbg.
Diese, von Liebhabern sehr geschätzte und für Anfänger recht geeignete Varietät bildet auf der Oberfläche keine weißen Flöckchen.

155. Leuchtenbergia principis Hook
Die mit einer dicken Pfahlwurzel und nur sehr kurzen Stämmchen ausgestatteten Pflanzen gehören zu einer der eigentümlichsten Arten. Sie besitzen lange, dreikantige Warzen, an deren Spitze die Areole mit 15–20 cm langen, strohartigen Dornen und die großen, gelben Blüten sitzen. Die Pflanzen lieben im Sommer viel Wärme und Wasser. Als Voraussetzung für eine gute Blüte brauchen sie nährstoffreiche, mit Sand und Lehm versetzte Erde. Zu überwintern sind sie trocken bei 6–8 °C. Die Anzucht aus Samen ist einfach. Aber die Sämlinge müssen mindestens 3mal während ihrer Entwicklung verpflanzt werden, wenn man von ihnen zügiges Wachstum erwartet.

154

153

155

156

158

157

156. Echinofossulocactus spec.
Die hohe Anfälligkeit dieser Typen für Spinnmilben könnte der Grund dafür sein, daß man dieser Gattung in letzter Zeit weniger in den Sammlungen begegnet. Wenn man die Mühe nicht scheut, die Schädlinge vorschriftsmäßig zu bekämpfen, lohnt es durchaus, sich mit einigen Arten näher zu befassen.

157. Thelocactus lophothele (S. D.) Br. et R.
Die schon lange bekannte Gattung wächst in Mexiko. Die Pflanzen der hier abgebildeten Art sind großwüchsig, mit starken, braunen Dornen und großen, gelben Blüten. Im allgemeinen müssen sie gepfropft werden, am besten auf *Eriocereus jusbertii.* Wurzelecht wachsen sie langsamer.

158. Thelocactus wagnerianus Berg.
Die Blüten dieser Art sind hellrosa bis rosarot, die Innenseite der Blütenblätter ist meist noch etwas heller. Die Dornen, die ein schönes, regelmäßiges Dornenkleid bilden, sind gelb, zum Scheitel werden sie rötlicher. Auch hier ist Pfropfung angezeigt.

159

160

161

159. Turbinicarpus schwarzii (Shurly) Backbg.
Dieser kleine, regelmäßig blühende Zwergkaktus aus Mexiko von höchstens 3,5–4 cm Höhe ist eine sehr einfache Pflanze mit runden Höckern. Aus anfangs weißwolligen Areolen kommen 1–2 rauh bepuderte kleine Dornen. Die dicke Wurzelknolle verlangt einen geräumigen Topf von ca. 6,5 cm. Pfropfen ist überflüssig. Eine beliebte Pflanze für den Anfänger.

160. Turbinicarpus pseudomacrochele (Backbg.) Buxb. et Backbg.
Die weißen, rosa gestreiften Blüten sind viel größer als bei *T. schwarzii.* Die Dornen sind lang, dünn und laufen in eine wellige Spitze aus. Vor allem die jungen Areolen haben große weiße Wollpfropfen. Diese reichblühende, problemlose Art kann gepfropft und wurzelecht gezogen werden. Sie muß nährstoffreiche Erde haben und regelmäßig 1–2mal pro Jahr umgetopft werden. Kühl überwintern.

161. Turbinicarpus klinkerianus Backbg. et Jacobs
Diese weißblühende Art unterscheidet sich von den anderen *Turbinicarpus*-Arten nicht in der Pflege, sondern etwas in ihrem Äußeren; sie hat mehr Warzen und die Dornen sind nach oben gebogen.

162

163

162. Turbinicarpus lophophorioides (Werd.) Bux. et Backbg.
Die recht anziehenden Pflänzchen können sprossen und dann gleichzeitig an allen Scheiteln ihre weißen, manchmal rosa schimmernden Blüten entfalten.

163. Coryphanta andreae Purp. et Böd.
Die dunkelgrünen Pflanzen haben dicke, runde Warzen. Auf den Areolen und in den Achseln sammelt sich viel weiße Wolle. Die Dornen stehen gespreizt und sind gelb bis hornfarben. Die großen, gelben Blüten mit ihren schmalen Blütenblättern erscheinen im Scheitel. Die Früchte sind rund und glatt. Die für Spinnmilben sehr anfällige Art erfordert die volle Aufmerksamkeit des Kakteenfreundes und sein rechtzeitiges Eingreifen.

164. Lophophora williamsii
(Lem. et S. D.) Coult
Der Saft dieser auch Teufelswurzel genannten dornenlosen Pflanze ist giftig. Die Areolen sind filzig bis pinselförmig, die Blüten sehr klein und rosafarbig. Die Pflanzen sind gleich gut auf eigener Wurzel zu ziehen wie gepfropft auf *Eriocereus jusbertii.* Sie brauchen gut durchlässige Erde, viel Sonne, frische Luft und im Sommer reichlich Wasser. Überwintern wollen sie kühl und trocken. Vermehrung aus Samen.

164

165. Epithelantha micromeris
(Eng.) Wel.
Diese Gattung mit Zwergformen eignet sich hervorragend für kleine Sammlungen. Die Pflanzen werden höchstens 3,5–4 cm hoch und sprossen. Die Blütenfarbe variiert von Weiß bis Rosa. Wurzelecht wachsen sie zwar recht langsam, werden aber sehr schön. Gepfropft können sie zu lang und unförmig werden. Im März und nochmals Anfang August muß in nährstoffreiche Erde umgetopft werden. Nie über den Scheitel gießen!

165

166. Escobaria nelliae (Croiz.) Backbg.
Diese dichtbedornten Zwergpflanzen sprossen stark. Die Dornen sind weiß und haben braune Spitzchen. Die Blüten erscheinen ganz an der Spitze der Säulchen; ihre Farben reichen von Purpur bis Rosa. Am besten wird auf *Eriocereus jusbertii* gepfropft. Um Fäulnis zu verhindern, muß beim Gießen, besonders im Winter, darauf geachtet werden, daß Gießwasser nicht zwischen die Dornen kommt. Eine Liebhaberpflanze.

166

167 

167. Eine schöne Gruppe von Mammillarien
Vor allem die weißbedornten Arten dieser Gattung sind sehr ansprechend. Die weißen, dichtbedornten Pflanzen dürfen nie über den Scheitel gegossen werden, vor allem nicht mit Leitungswasser. Dieses hinterläßt durch seinen Kalkgehalt einen Belag auf den Dornen, der die Pflanzen unansehnlich macht. Im Sommer wird daher vorsichtig in den Topf gegossen, im Winter geben wir das Wasser nur über den Untersetzer. Die Pflanzen können so ausreichend und bequem ihren Wasserbedarf decken.

168. Coryphanta scolymoides (Scheidw.) Berg.
Außerhalb der Blütezeit bedecken die Stacheln den ganzen Scheitel. Die großen, gelben Blüten schieben sich, je nach Knospenentwicklung, mühelos zwischen den scharfen Dornen hoch. *Coryphantha*-Arten haben gerne nährstoffreiche, mit etwas Sand und Kies vermischte Erde. Sie mögen im Sommer viel Wasser und frische Luft, im Winter einen kühlen und trockenen Platz bei 6–8 °C.

169. Mammillaria bocasana Poselger **mit Beeren**
Die reifenden Beeren färben sich rot und wachsen rasch. Es ist ein faszinierender Anblick, mehrere, große *Mammillaria*-Pflanzen mit vielen Früchten beieinander

168 

169

zu sehen. In freier Natur werden die Beeren von Vögeln verzehrt und so auf natürliche Weise verbreitet.

170. Mammillaria bocasana Poselger
Diese sprossende Art befindet sich schon seit langem in den Händen von Kakteensammlern. Sie hat sich ihre überkommene Attraktivität dank ihrer weißen Behaarung, die den Achseln entspringt und in der sich die rotbraunen oder gelben Dornen förmlich verstecken, noch immer erhalten. In der Sonne öffnen sich ihre cremefarbenen Blüten weit. Einige Monate nach gelungener Bestäubung zeigen sich die bereits oben besprochenen, schlanken, roten Beeren. Am besten wachsen die Pflanzen in sandiger Erde. Pfropfung ist nicht zu empfehlen, weil sich sprossende Pflanzen oft von der Unterlage abdrücken. Nicht über den Scheitel gießen! Trokken bei 6–8 °C überwintern.

171. Mammillaria carnea Zucc.
Dies ist eine sehr schöne Art mit ziemlich weit auseinanderliegenden Warzen, zwischen denen sich vor allem am Scheitel weiße Wolle verdichtet. Die Blüten sind hellrosa, die Dornen rosa bis fleischfarben. Diese Pflanze ist für Anfänger ziemlich einfach zu halten. Sie muß sofort nach der Blüte umgetopft und in nährstoffreiche Erde gebracht werden, da sie sonst kümmert. Im Sommer braucht sie viel Wasser und Sonne, im Winter soll sie kühl und trocken stehen.

170

171

172

173

172. Mammillaria nejapensis Gr. et D.
Die leicht zu haltende Art stammt aus Mexiko. Wurzelecht ist sie sehr gut zu ziehen, Pfropfung daher überflüssig. Bei blühfähigen Pflanzen erheben sich über dem weißwolligen Scheitel die cremefarbigen Blüten. Bei älteren Pflanzen teilen sich die Kronen wiederholt in dichotomer Art, woraus große, breite und vielköpfige Pflanzen hervorgehen. In guter, durchlässiger, mit Sand und Kies vermischter Erde und an sonnigem, warmen Standort können prächtige Exemplare heranwachsen. Trocken bei 8–10 °C überwintern. Vermehrung am besten aus Samen.

173. Mammillaria collinsii (Br. et R.) Orc.
Die Oberhaut dieser Art ist viel dunkler als die der vorher beschriebenen; sie ist ihr jedoch sonst recht ähnlich. Steht sie auch noch an einem sehr sonnigen Standort, werden die Warzen tief dunkelrot und stechen dadurch von der weißen Wolle und den Borsten in den Achseln ab. Auch diese Art sproßt und gabelt sich dichotom. Die Knospen verbergen sich in der dichten Wolle. Beim Aufblühen trägt jeder Kopf im Frühjahr einen Kranz cremefarbener Blüten mit rosa Streifen. Die Pflanzen, die einen ziemlichen Umfang erreichen können, mögen nährstoffreiche Erde und kühle Überwinterung bei 6–8 °C.

174. Mammillaria elegans D. C.
Wegen ihrer Vielfalt an Formen nimmt diese Art unter den weißen Mammillarien eine Sonderstellung ein. Einige davon werden als Varietäten, andere sogar als eigene Arten beschrieben. Gutgewachsene Pflanzen sind dadurch besonders attraktiv, daß die weißen Randdornen sehr dicht stehen, zwischen den Warzen der Scheitelregion sich die weiße Wolle verdichtet und dieser Bereich von einem Kranz purpurroter Blüten umgeben ist. Wurzelechte Pflanzen wachsen sehr langsam. Auf *Eriocereus jusbertii* gepfropft, beschleunigen sie ihren Wuchs, ohne die Gestalt nachteilig zu verändern. Die Pflanzen benötigen im Sommer viel Licht und Sonne und sollen bei 6–8 °C überwintern.

174

175

176

175. Mammillaria glochidiata Mart.
Die Pflanzen werden leicht vielköpfig und schmücken sich im Frühjahr mit vielen hellrosa Blüten. Die recht weichen Pflanzen sind durch Rote Spinne und Asseln gefährdet. Ebenso neigen sie zu Fäulnis, wenn sie über den Scheitel gegossen werden. Wenigstens einmal im Jahr muß umgetopft werden. Muß man Wachstumsstillstand nach der Blüte befürchten, ist es angebracht nochmals umzutopfen. Der Erde muß etwas scharfer Sand beigemengt werden. Überwintern bei 6–8 °C und niemals sprühen.

176. Mammillaria karwinskiana Mart.
Die Oberhaut dieser langjährig kultivierten, reichblühenden Liebhaberpflanze ist grasgrün. Zwischen den weißen Wollflöckchen in den Achseln sitzen weiße Borstenhaare. Die meist schwarzen Dornen sind kurz. Häufig teilen sich die Scheitel. Die Pflanzen können gut auf eigener Wurzel gezogen werden und brauchen einen nicht zu warmen, aber hellen Platz. Sie sind gefährdet durch Spinnmilben!

177. Mammillaria marksiana Krainz
Diese hellgrüne Pflanze mit ihren gelben Blüten kann man getrost als ein Juwel in der Sammlung ansprechen. Die kleinen Dornen sind braun, die Wolle am Scheitel ist gelblich. Blütezeit ist im Mai. Die Pflanzen sind auf eigener Wurzel in guter, sand- oder kieshaltiger Erde einfach zu kultivieren. Pfropfen ist überflüssig. Aus Samen lassen sich sehr schöne Sämlinge ziehen. Die 11–12 cm großen Pflanzen sind selbststeril. Trockene Überwinterung bei 8–10 °C. Geeignet für Anfänger.

177

178

178. Mammillaria melanocentra Poselger
Die bis zu 13 cm Größe erlangende, dunkelbedornte Art stammt aus Mexiko. Die kräftigen Mitteldornen sind dunkelbraun bis schwarz. Der Kopf ist weißwollig. Die 2,5 cm großen Blüten sind tiefrosa, ihre Staubbeutel gelb und die Narben hellgrün. Sie blühen von Juli bis August. Die Art kann wurzelecht in sandiger, kalkfreier nährstoffreicher Erde gezogen werden. Im Frühjahr sind die Pflanzen empfindlich gegen grelle Sonne, im Sommer wollen sie einen warmen Standort, der im Winter trocken und nicht wärmer als 8–10 °C sein soll. Sehr gut aus Samen zu ziehen.

179. Mammillaria plumosa Weber
Diese Art ist nicht einfach, da ihre Blüte in den Winter fällt. Sie ist aber eine der schönsten *Mammillaria*-Arten. Auffallend sind die federartig geformten Dornen (Artname *plumosa*). Während der Blüte muß die Temperatur bei etwa 12–17 °C liegen und die Pflanze ab und zu am besten über den Untersatz mit Wasser versorgt werden. Sie liebt viel Sonne. Wurzelechte Pflanzen verlangen sandige, nährstoffreiche Erde mit viel Kies. Während ihrer Ruhezeit im August dürfen sie nicht gegossen werden. Stecklinge können im September in eine Mischung aus Sand und Kies gebracht werden.

179

180

180. Mammillaria spinosissima Lem.
Die Pflanzen dieser dichtbedornten Art können ziemlich groß werden und sprossen später leicht. Die Farbe der Dornen variiert von Dunkelrot über Orange und Gelb bis Weiß. Um den Scheitel bildet sich ein Kranz karminroter Blüten. Die Art gedeiht auf eigener Wurzel, gepfropft kann sie in höhererem Alter umbiegen und von der Unterlage abbrechen. Viel Sonne und frische Luft, mit Zwischenpausen tüchtig gießen und im Winter trocken halten. Vermehrung aus Samen einfach.

181. Mammillaria theresae Cutak
Dies ist eine besonders schöne Art mit großen, rosa Blüten, deren Zugehörigkeit zu den Mammillarien noch zweifelhaft ist. Am besten ist sie auf *Eriocereus jusbertii* zu pfropfen, worauf sie schnell anwächst und blüht. Diese Art ist sehr empfindlich und muß im Winter gut trocken gehalten werden.

182. Mammillaria microcarpa var. grahamii (Eng.) Eng.
Die in Kultur nicht leicht zu haltende Varietät einer großblumigen Art wächst und blüht auf *Eriocereus jusbertii* viel besser. Sie benötigt viel Sonne und frische Luft.

181

182

183. Mammillaria wildii Dietrich
Diese gruppenbildende Art aus Hidalgo in Mexiko, die im Sommer auf jedem Köpfchen einen Kranz cremefarbener Blüten trägt, ist bei Kakteenfreunden sehr beliebt. Ihre Pflege ist einfach. Die kleinen hakenförmigen Dornen sind gelb oder bräunlich. Die Pflanzen brauchen viel Licht und Sonne, im Sommer etwas mehr Wasser als im Frühjahr. Da die Pflanzen sich wohl breit ausdehnen, aber nicht tief wurzeln, topft man sie am besten in flache Schalen mit sandiger Erde ein. Auf Asseln ist zu achten, da sich diese gern in die Pflanzenpolster einnisten und die zarten Köpfchen ganz aushöhlen! Pfropfung ist überflüssig. Vermehrung durch Ableger und aus Samen.

184. Mammillaria hamiltonhoytea var. fulvaflora Graig
Eine robuste Art, die nach längerer Zeit 25–30 cm Höhe und einen Durchmesser von 18–20 cm erreichen kann. Im Gegensatz zu den violetten Blüten des Grundtyps sind die der vorliegenden Varietät gelb mit braunen Mittelstreifen. Die Bedornung ist dicht und dunkelbraun. Die Pflanze wächst auf eigener Wurzel gut und kann in Abständen tüchtig gegossen werden. Sie verträgt sehr viel Sonne und muß im Winter ganz trocken und kühl stehen.

185. Mammillaria zeilmanniana Böd.
Diese aus Mexiko stammende, bei Kakteenfreunden beliebte Pflanze zeigt im Mai zahlreiche rosarote Blüten. Einer der braunen Mitteldornen ist hakig. Sowie sich die Knospen zu färben beginnen, kann die Pflanze etwas mehr Wasser bekommen. Bei zu viel Wasser wächst sie zu schnell und wird dann sehr druckempfindlich. Nach der Blüte sofort in nährstoffreiche, sandige, mit feinem Kies vermischte Erde umtopfen! Die Pflanzen sollen im Winter trocken bei 6–8 °C stehen. Auf Spinnmilben achten!

183

184

185

186. Mammillaria zeilmanniana Böd.
Neben der eben beschriebenen rosarot blühenden *M. zeilmanniana* gibt es auch eine weiß blühende, etwas schwächere Form, die jedoch bei guter Pflege jener in nichts nachsteht. Beide lassen sich gut aus Samen ziehen.

186

187. Mammillaria dixanthocentron Backbg.
Diese sehr hübsche Pflanze mit langen, hell- bis dunkelgelben Mitteldornen und rosaroten Blüten ist auf eigener Wurzel recht schwächlich. Um bessere Ergebnisse zu erhalten, ist Pfropfung auf *Eriocereus jusbertii* zu empfehlen.

187

188

188. Mammillaria discolor Haw.
Die breiten runden Pflanzen erreichen eine Höhe von 18 cm und einen Durchmesser von 13 cm. Ihre Bedornung variiert von hellgelber bis trübbrauner, ja sogar schwarzer Farbe. Die Blüten sind weiß, manchmal mit hellrosa Mittelstreifen. Auf eigener Wurzel leicht zu ziehen, Vermehrung aus Samen.

189

189. Mammillaria conspicua Purp.
Eine schöne weiße *Mammillaria* mit beinahe schwarzen Mitteldornen, die manchmal 1 cm lang, aber auch viel kürzer sein können. Auf eigener Wurzel wächst sie gut, aber langsam. Im April oder Mai zeigen sich schöne, rosarote Blüten. Mäßig und nicht über den Scheitel gießen! Braucht viel Sonne und frische Luft. Im Winter kühl und trocken halten.

190

190. Mammillaria bombycina Quehl
Diese Art ist eine der schönsten dieser Gattung. Sie hat eine dichte Bedornung, breitet sich rasch durch Sprossung aus und bildet größere Rasenpolster. Sie bringt wenige rosarote Blüten hervor. Vermehrt wird meist durch Ableger aber auch aus Samen. Die ausgezeichnete Liebhaberpflanze braucht viel Sonne und frische Luft. Mit Unterbrechungen sehr mäßig und nicht über den Scheitel gießen. Im Winter trocken halten.

191. Mammillaria kunzeana Böd. et Quehl
Früher wurde diese Art als eine Varietät von *M. bocasana* Pos. angesehen. In der Tat bestehen wenig Unterschiede zwischen den verschiedenen Formen der sog. *bocasana*-Gruppe. Lediglich die Sämlinge von *M. kunzeana* sind am Scheitel etwas kahler. Es sind einfach zu haltende Pflanzen für Anfänger. Mäßig und nicht über den Scheitel gießen.

191

192. Mammillaria pennispinosa Krainz
Die Behandlung dieser Art verlangt etwas mehr Sorgfalt. Am günstigsten erwies sich Pfropfung als 2jähriger Sämling. Alle Dornen sind behaart, die Randdornen noch mehr als die hakenförmigen Mitteldornen. Die cremefarbenen Blüten umstehen den Scheitel kranzförmig. An den orangeroten Früchten sitzen ab und zu kleine Areolen mit Dörnchen. Im Winter kühl (8–10 °C) und trocken halten. Vermehrung aus Samen.

192

193. Mammillaria aurihamata Böd.
Die recht weichen Pflanzen tragen verhältnismäßig lange Dornen. Neben weißen, dünnen Randdornen und hakig gebogenen, gelben Mitteldornen haben sie weiße Haare. Fast zur Hälfte zwischen den Dornen verborgen, sitzen die cremefarbenen Blüten. Die Pflanzen bilden durch starke Sproßung rasenförmige Gruppen. Die nur in Abständen zu verabreichenden Wassergaben dürfen nie über den Scheitel erfolgen, sondern müssen der gut durchlässigen, mit Kies durchmischten Erde zugeführt werden. Im Winter kein Wasser! Ablegervermehrung ist möglich, doch sind bei der Weichheit der Gewebe die Ausfälle unter Umständen recht groß. Am besten ist Vermehrung aus Samen.

193

194

194. Mammillaria microheliopsis Werd.
Backeberg spricht sie als eine Varietät von *M. microhelia* und nicht als eigene Art an. Die Blüten dieser Pflanze sind rötlich. Gepfropft wird sie etwas kräftiger als auf eigener Wurzel. Im Sommer benötigt sie viel Sonne und frische Luft. Mit zeitlichem Abstand gut gießen; im Winter kühl und trokken halten. Eine wunderbare Liebhaberpflanze.

195

195. Mammillaria microhelia Werd.
Diese kleine *Mammillaria* ist ein Kleinod in jeder Sammlung. Ihr Name bezieht sich auf die Areolen mit den strahlenförmig stehenden Dornen. Die gelben Blüten erscheinen regelmäßig in jedem Frühjahr. Sie wächst problemlos und läßt sich am besten aus Samen vermehren.

196

196. Mammillaria insularis Gat.
Diese aus Kalifornien stammende Art hat eine verhältnismäßig gedrungene, breite Form. Die Randdornen sind weiß, die hakenförmigen Mitteldornen schwarz. Im Inneren der weißen Blüten mit ihren rosa Mittelstreifen liegen hübsch bewimperte Narben. Genau wie bei *M. microcarpa* muß die Pflanze auf *Eriocereus jusbertii* gepfropft werden.

197. Mammillaria zephyranthoides Scheidw.
Die sehr weichen Pflanzen haben einen lokkeren Aufbau. Sie müssen daher umsichtig behandelt und gegossen werden und bedürfen auch ständiger Kontrolle auf Rote Spinne. Für die nicht ganz einfache Kultivierung entschädigen sie aber durch ihre Schönheit. Die langen Warzen tragen Areolen mit nadelförmigen Rand- und meist hakigen Mitteldornen. Die weißen bis gelblichen Blüten haben einen rötlichen Mittelstreifen und sind mit 4 cm Durchmesser verhältnismäßig groß. Kiesige, durchlässige Erde und Überwinterung nicht über 8–10 °C sind Voraussetzung für eine gute Kultur.

197

198. Mammillaria hertrichiana Craig
Die Blütenfarbe dieser weißen *Mammillaria* variiert von zartem Rosa bis zu Purpurrot. Als tatsächliches Merkmal ist die Blütenfarbe aber von geringer Bedeutung. Leider wird auch in der Kakteenliteratur häufig der Blütenfarbe zu Unrecht zuviel Gewicht bei der systematischen Einordnung einer Pflanze beigemessen. *M. hertrichiana* ist auch für den Anfänger geeignet. Auf guter, durchlässiger Erde wächst sie zwar nicht schnell, blüht aber recht bald. Im Sommer in Abständen und nie von oben gießen! Pfropfung ist überflüssig. Die Pflanzen sind gut aus Samen zu ziehen.

198

199. Bartschella schumannii (H.) Br. et R.
Mit der Verwandtschaft zu der Gattung *Mammillaria* und deren kalifornischen Gattungen hat diese etwas seltsame Art auch deren Schwierigkeiten in der Kultur gemeinsam. Auf eigener Wurzel wächst sie nur in völlig kalkfreiem Substrat. Sehr günstig ist Pfropfung auf *Eriocereus jusbertii.* Nach Trockenhaltung im Winter kann von der zweiten Januarhälfte ab hin und wieder leicht gesprüht werden. Vermehrt wird durch Stecklinge, Ableger und aus Samen.

199

200

200. Dolichothele longimamma (D. C.) Br. et R.
Durch sein weiches Gewebe kann dieser gruppenbildende Kaktus mit seinen langen, dünnen Warzen leicht beschädigt werden. Ein geräumiger Topf ist im Hinblick auf die reiche Sproßung zu empfehlen. Im Frühjahr vorsichtig mit dem Gießen beginnen und langsam die Wassermenge steigern. In der Blütezeit darf ruhig viel Wasser gegeben werden. Der Befall mit Spinnmilben kann deren Bekämpfung erforderlich machen. Es lohnt sich, diese in Form und Blüte gleichermaßen prächtige Pflanze mit ihren großen Blüten in Kultur zu haben.

201

201. Dolichothele surculosa (Böd.) Buxb.
Die Pflanzen dieser rasenbildenden Art erreichen nur wenige Zentimeter Höhe. Sie werden am einfachsten in flachen Pflanzschalen kultiviert. Ihre braunen bis braunroten Mitteldornen sind im Verhältnis zu der Pflanze ziemlich lang und an der Spitze hakig gebogen. Auch ihre hellgelben Blüten sind relativ groß. Nach der Blüte, bzw. noch besser im März und im August, vertopft man in ein Gemisch von 4 Teilen Erde, 2 Teilen Kies und 1 Teil Sand. Einem guten Wasserangebot im Sommer steht Trokkenhaltung im Winter gegenüber.

202

202. Dolichothele beneckii (Ehrenb.) Backbg.
Diese Art zeigt sehr eindrucksvoll die enge Verwandtschaft zu der Gattung *Mammillaria,* der sie neuerdings auch zugeordnet wird. Sie hat dunkle, hakig gebogene Mitteldornen. Die ca. 4 cm großen Blüten sind gelb, die langen Beeren haben rote Farbe. In der Pflege kann man sich nach den beiden vorgenannten Arten richten.